KB009627

레시피보다 중요한 100가지 요리 비결

감수/
도요미츠 미오코

일러스트/
쿠아야마 케이토

번역/
김혜선

들어가며

레시피대로 요리를 만들었는데도 실패한 적이 있으신가요? 레시피를 보지 않고 만들 만한 평범한 요리임에도 막상 만들어 보니 어쩐지 별로 맛이 없었던 경험은요? 나는 요리에 재능이 없나 보다, 하고 포기하고 있지는 않은가요? 하지만 그것은 당신에게 특별한 재능이나 센스가 없어서가 아닙니다. 다만 '요리의 비결'을 모르고 있을 뿐이지요.

요리에는 레시피에 담겨 있지 않는 '비결'이 있습니다. '비결'이라고 해도, 요리의 프로나 장인만이 쓸 수 있는 특별한 마법과 같은 비법은 아니에요. 이를테면 '고기는 굽기 전에 칼집을 넣어 둔다', '채소는 센 불에 볶는다'와 같은 요령이 그에 해당합니다. 어쩌면 들어본 적은 있어도 무엇 때문에 하는지 알지 못해서 깜빡 잊어버리는 경우도, 시간에 쫓길 때에는 건너뛰어 버리는 경우도 있을 테지요.

그러나 요리의 이러한 작은 '비결'에는 과학적인 이유가 있습니다. 지키거나, 지키지 않거나 어느 쪽이건 상관없어 보이는 이러한 '비결'이 '맛'을 만들어 냅니다. 특별한 재능이나 센스가 필요한 것이 아닙니다. 단지, 과학적인 법칙을 지키고 '비결'을 올바르게 따르면 되는 것뿐이지요.

이 책에서는 레시피에는 등장하지 않는 '비결'을 요리에 적용하는 순서와 그 '비결'이 필요한 이유, 맛있어지는 원리를 해설합니다. 어려운 프랑스 요리나 명인의 가이세키 요리(전문점이나 료칸, 호텔 등에서 주로 취급하는 일본의 고급 코스 요리)를 만들고 싶은 것이 아니라 매일의 평범한 요리를 제대로 맛있게 만들 수 있기를 바라고 있나요? 이 책에서 제시하는 '비결'을 이해한다면 어떠한 요리도 만들 수 있는 진정한 요리 고수가 될 것입니다.

차례

육류에 관한 비결

해산물에 관한 비결

계란에 관한 비결

밥, 빵, 면류에 관한 비결

밑준비에 관한 비결

조리 전반의 기본 비결

간에 관한 비결

조리 도구에 관한 비결

곁들임에 관한 비결

마실 거리에 관한 비결

식재료의 저장과 보관에 관한 비결

식재료 선택에 관한 비결

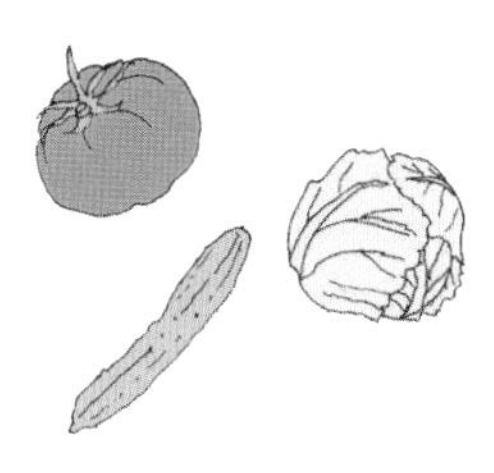

야채와 과일에 관한 비결

샐러드, 볶음, 조림 등…….
채소는 생식에서부터 다양한 조리법으로 먹습니다.
채소와 과일을 맛있게 먹기 위한
씻는 법, 자르는 법, 불 쓰는 법 등
여러 비결을 소개합니다.

1 흔들어 씻어야 하는 채소, 문질러 씻어야 하는 채소

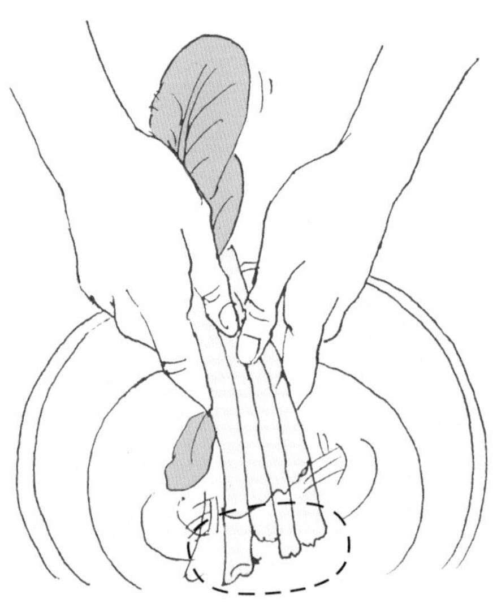

흔들어 씻는 채소.

시금치, 소송채(청경채와 유사한 식감을 가진 녹황색 채소. 주로 볶음, 나물 등으로 조리함), 청경채 등

흙과 모래를 제거한다.

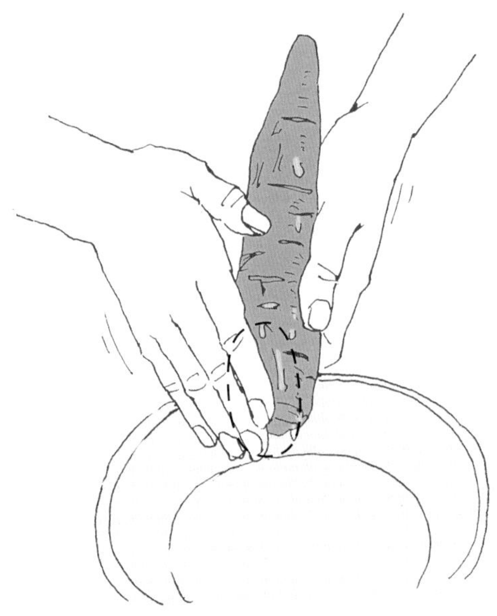

문질러 씻는 채소.

무, 당근, 오이, 가지, 감자류 등

흙과 농약을 제거한다.

효과(흔들어 씻기)

① 흙먼지를 제거한다.

효과(문질러 씻기)

① 채소 표면의 흙과 농약을 제거한다.

우엉, 연근, 감자 등의 뿌리 채소는 수세미나 스펀지로 씻어도 좋다.

비결 해부

시금치, 소송채, 청경채 등의 잎채소는 충분한 양의 물에 담가 좌우로 흔들어 가며 씻습니다. 줄기가 겹쳐져 있는 뿌리 쪽 부분에 끼어 있는 흙먼지를 흔들어서 떨어내는 것이지요. 잎 쪽에도 흙먼지가 붙어 있으므로 같은 방식으로 씻어냅니다.
무와 당근 같은 뿌리채소, 오이와 토마토 등의 열매채소는 꼼꼼히 문질러 씻어서 흙먼지와 농약 성분을 제거합니다. 우엉이나 토란 등은 스펀지와 수세미를 사용해도 좋습니다. 단, 우엉은 껍질에서 특유의 향이 나므로 하얗게 되도록 씻을 필요는 없답니다.

2 채 썬 채소는 우선 물에 담갔다가 사용한다

찬물에 단시간 담가 둔다.

양배추, 오이, 양상추 등

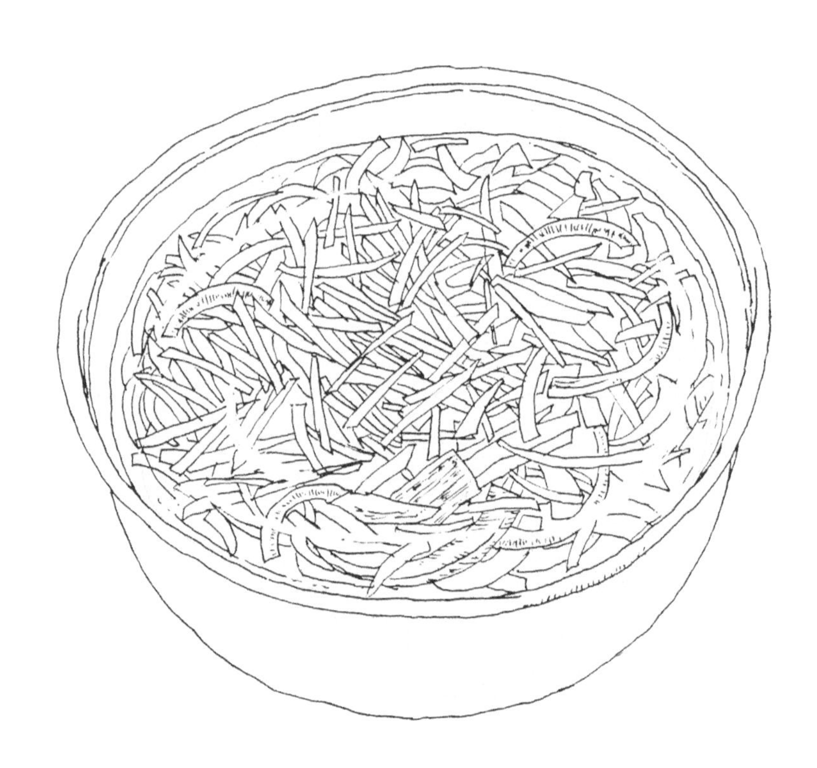

효과

① 식감이 좋아진다.
② 변색을 방지한다.
③ 떫은맛이 빠진다.

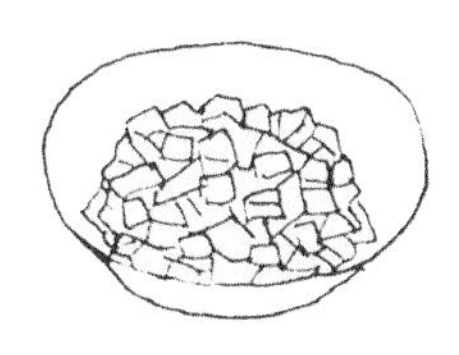

요리 예

코울슬로, 샐러드 등

비결 해부

식물 세포의 벽은 삼투압에 의해 미세한 분자가 세포 안팎을 이동할 수 있도록 되어 있어요. 세포 내액의 삼투압은 0.85%로 식염수와 같은 정도입니다. 따라서 물에 담가 두면 물이 세포 내에 들어가서 세포벽을 팽팽하게 팽창시켜요. 이것이 채소의 아삭한 식감을 만드는 것이지요.
또한 물에 담가 두는 것으로 효소와의 접촉과 변색을 막고, 떫은맛을 내는 수용성 성분을 제거할 수 있습니다. 그러나 물에 오래 담가 두면 수용성인 비타민 B군과 비타민 C가 녹아 나오므로 주의하세요.

3 채소를 세로로 자를까, 가로로 자를까

샐러드나 볶음 요리처럼 아삭함을 즐기고 싶을 때는 섬유질의 방향에 따라 세로로 자른다.

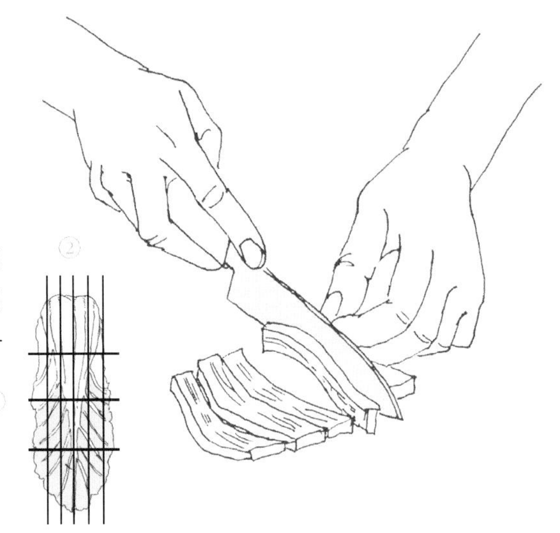

조림이나 스프처럼 가열하는 경우에는 섬유질과 수직이 되도록 가로로 자른다.

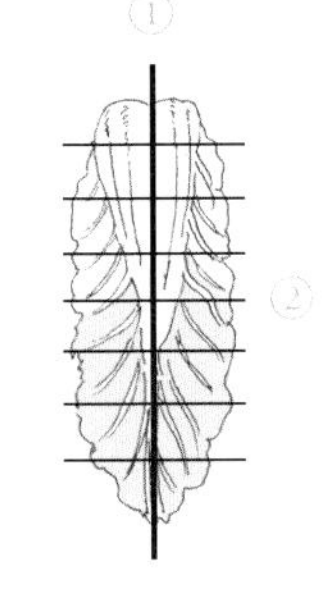

효과(세로 절단)

① 아삭아삭한 식감이 살아 있다.

효과(가로 절단)

① 빨리 익는다.

요리 예(세로)
샐러드, 고추잡채, 친쟈오로스('징짱러우스'라는 중국 요리로, 채썬 고기와 야채를 함께 볶아낸 요리) 등

요리 예(가로)
스튜, 니쿠쟈가(肉じゃが: 소고기와 감자를 주재료로 간간하게 조린 요리) 등

비결 해부

채소를 자르는 방법을 바꾸는 것만으로 맛과 식감이 바뀝니다. 채소 본연의 식감을 지키고 싶다면 섬유질의 방향에 따라서 세로로 잘라 주세요. 예를 들어 무나 양배추를 채 썰 때에는 세로로 썰어야 식감이 아삭아삭해집니다. 따라서 채소를 생으로 먹는 샐러드 등을 만들 때에도 세로로 써는 편이 좋겠지요.
한편, 섬유질이 끊어지도록 가로로 자르면 채소 본연의 식감은 잃게 됩니다. 그러나 소금을 뿌렸을 때 빨리 숨이 죽고, 불에 올리면 열기가 빨리 전달되어 익히기 쉬운 이점이 있지요.

4 양상추는 칼을 쓰지 않고 손으로 뜯는다

먹기 좋은 크기가 되도록
손으로 뜯는다.

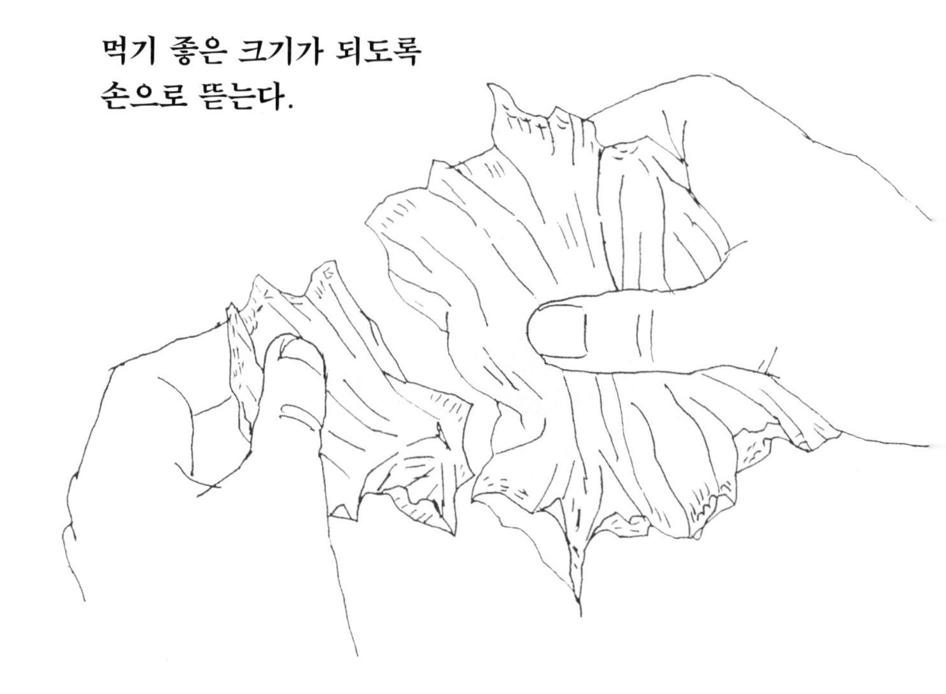

효과

① 드레싱과 섞기 쉬워진다.

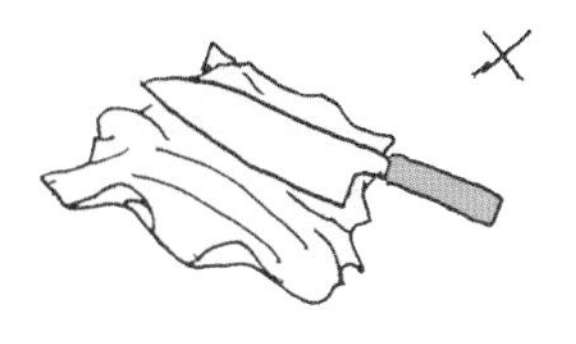

(금속 재질의) 칼로 자르면 표면이 거무스름하게 변하기 쉽다.

비결 해부

샐러드와 같은 요리에 양배추를 쓸 때에는 먹기 좋은 크기로 손으로 뜯어서 사용하도록 합니다. 이렇게 하면 잘린 단면이 거친 모양이 되고, 표면적이 넓어져서 드레싱이나 조미료가 달라붙기 쉽게 된답니다.
또한 양상추는 케르세틴(Quercetin)과 같은 폴리페놀 성분을 다량 함유하고 있어요. 이 폴리페놀 성분은 금속에 반응하여 거뭇해지는 성질이 있어 금속으로 된 칼을 쓰면 단면이 거무스름하게 변해 버리는 경우가 생길 수 있습니다.

5 감자를 통째로 익힐 때에는 찬물에서부터 넣어서 삶는다

찬물에서부터 넣어서
천천히 가열한다.

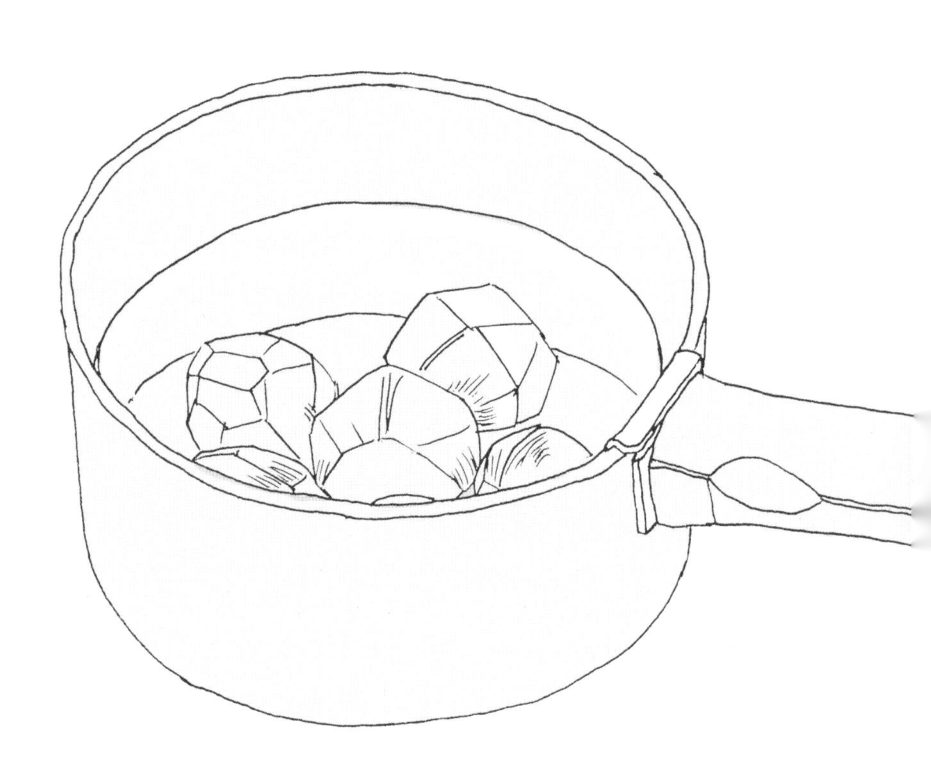

효과

① 속까지 열기가 균일하게 퍼져서 표면이 쉽게 부스러지지 않는다.

요리 예

코나후키이모(粉ふきいも: 속은 삶아서 익히고 표면의 식감은 포슬포슬하게 살린 일본의 감자 요리) 등

비결 해부

감자를 통째로 익히거나 큼지막하게 썰어서 삶을 때에는, 반드시 물을 데우기 전부터 감자를 넣어서 익히도록 합니다.
물을 끓인 뒤에 감자를 넣으면 표면은 바로 익지만 속까지는 좀처럼 열기가 전해지지 않습니다. 속 알맹이까지 열기가 도달하기 전에 표면이 부드러워져서 부스러지고 마는 것이지요. 감자를 처음부터 물에 넣어서 온도를 서서히 올리게 되면 내부와 외부의 온도차가 적어집니다. 또한 통째로 익히거나 큼지막하게 썰어서 쓰는 것으로 수용성 성분의 손실을 줄이는 효과도 있지요.

6 녹황색 채소를 데칠 때에는 뚜껑을 덮지 않는다

시금치, 청경채,
소송채 등.

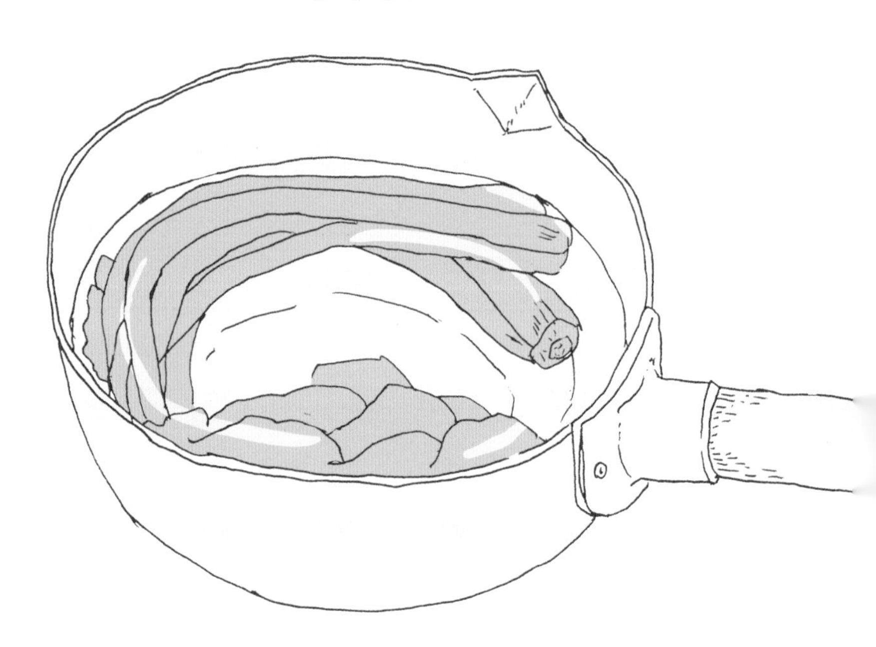

익힌 것을 물로 재빨리 식히면
색상이 더욱 살아난다.

효과

① 채소의 색감을 해치는 것을 방지한다.

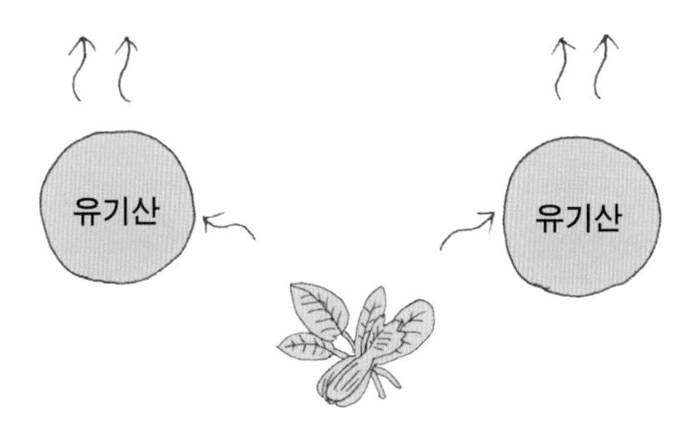

뜨껑을 덮지 않고 유기산이 휘발되도록 한다.

비결 해부

녹황색 채소에는 초산이나 옥살산 등의 유기산 성분이 함유되어 있습니다. 채소를 가열하여 조직이 파괴되면 이러한 유기산 성분이 녹아내려 채소를 데치는 물을 산성으로 만듭니다. 그렇게 되면 채소의 빛깔이 나빠지게 되지요. 그러나 이러한 유기산 성분은 휘발성입니다. 따라서 뚜껑을 덮지 않으면 휘발되어 버리므로 채소를 데치는 물이 산성이 되는 것을 막아 주지요.
좀 더 채소 본연의 색상을 선명하게 살리고 싶은 경우에는 데친 채소를 물로 재빨리 식혀서 색상이 변하는 것을 막으면 좋습니다. 채소를 식힌 뒤에는 바로 물기를 빼 주는 것도 잊지 마세요.

7 연근, 우엉, 두릅 등을 익히는 물에는 식초를 넣는다

효과

① 하얀 색감을 살린다.
② 특유의 식감을 유지시킨다.

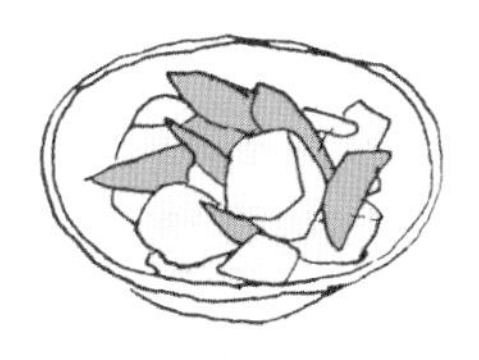

요리 예
연근전, 두릅무침 등

비결 해부

떫은맛이 강한 연근이나 우엉은 자른 후에 식초를 넣은 물에 담가 두지요. 이와 마찬가지로 익힐 때에도 식초를 넣은 물을 사용하면 하얀 색감을 살릴 수 있어요.
또한 연근과 우엉, 두릅 등은 식초를 첨가해서 가열하면 과하게 물러지는 것을 막을 수 있습니다. 이것은 채소를 삶거나 데치는 물을 약산성으로 하면 세포를 붙여 주고 있는 펙틴이 분해되는 것을 어렵게 하기 때문입니다. 식초의 양은 채소와 데치는 물을 합한 전체 재료 대비 2~3% 정도입니다.

8 시금치를 데칠 때에는 소금을 넣는다

물이 데워지면 채소를 넣기 전에 소금을 넣어 녹여 둔다.

시금치, 소송채 등

효과

① 채소의 녹색이 선명해진다.

요리 예
시금치나물,
소송채 참깨무침 등

비결 해부

시금치를 비롯한 푸성귀류에는 녹색 색소인 엽록소가 포함되어 있습니다. 소금의 나트륨은 이 엽록소의 마그네슘 성분으로 치환되므로 갈변을 막고, 좀 더 선명한 녹색으로 마무리되도록 하는 기능을 한답니다. 따라서 시금치를 데칠 때에는 시금치 양의 5~10배가량의 물을 데우고 물 양의 0.5% 정도의 소금을 넣어 주세요.
또한 엽록소는 열에 약하므로, 더욱 예쁜 녹색을 띠게 하고 싶을 때에는 물에서 건진 뒤에 잘 식히는 것이 좋습니다.

9 잘 부스러지지 않는 감자의 종류

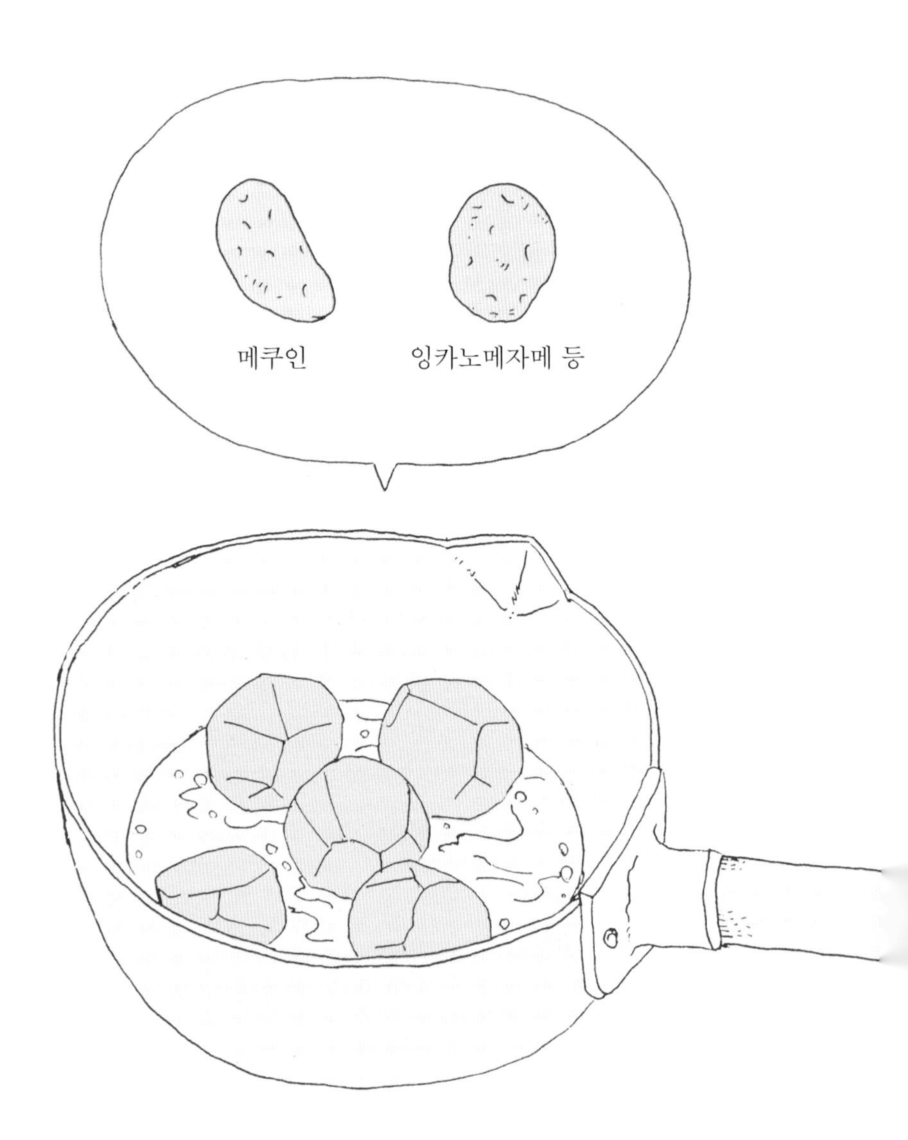

효과

① 부스러지는 것을 막는다.

요리 예

카레, 스튜 등

비결 해부

감자에는 전분이 많은 분질(粉質)감자와 전분이 적은 점질(粘質)감자가 있어요.
점질감자는 팩틴이 분해되거나 녹아내리기 어렵답니다. 따라서 카레, 감자조림 등의 요리에서 감자를 부스러지지 않게 하려면 점질감자를 사용하는 것이 좋겠지요. 수미감자, 메쿠인(メークイン), 잉카노메자메(インカのめざめ) 등이 점질감자에 속합니다.
흔히 강원도 토종감자로 알려져 있는 남작감자와 자주감자, 키타아카리(キタアカリ) 등의 분질감자는 포슬포슬한 식감이 특징입니다. 분질감자는 매시포테이토나 감자튀김, 코나후키이모(粉ふきいも: 속은 삶아서 익히고 표면의 식감은 포슬포슬하게 살린 감자 요리) 등을 만들기에 적합하지요.

10 감자와 고구마는 식기 전에 체에 내린다

열기가 식기 전에 재빨리!

※ 푸드 프로세서나 매셔를 사용할 때에도 마찬가지입니다.

효과

① 끈기가 생기는 것을 방지한다.

② 편하게 으깰 수 있다.

요리 예

매시포테이토, 킨톤(きんとん: 으깬 고구마 안에 단맛을 낸 밤 등을 넣어 빚은 디저트) 등

비결 해부

매시포테이토를 만들고자 할 때에는 감자나 고구마를 삶아서 뜨거울 때 체에 내리거나 으깨는 것이 철칙입니다. 매시포테이토와 같은 요리가 끈적거리게 되는 이유는 세포에서 호화전분(점성이 높아 풀처럼 끈적한 상태의 전분)이 비어져 나와서 발생하기 때문이지요.

감자나 고구마류를 가열하면 세포벽의 펙틴이 이동하기 쉬워집니다. 게다가 막 삶아서 뜨거운 동안에는 호화전분이 세포 안에 갇혀 있는 형태이므로 세포와 세포가 떨어지기 쉬운 상태가 되고요. 그러나 열기가 식으면 펙틴이 뭉쳐서 굳기 때문에 이때 무리하게 체에 내리려고 하면 세포벽이 훼손되면서 호화전분이 빠져 나오는 것이지요.

11 드레싱과 채소의 궁합

효과

① 지용성 비타민의 흡수율을 높인다.

요리 예

토마토 샐러드,
더운야채 샐러드 등

비결 해부

일반적으로 지방이 들어 있지 않은 드레싱이 가장 건강에 좋다고 여겨지기 마련이지요. 그러나 지용성 비타민인 비타민 A, D, K, E는 지방에 녹아야 소장에서 흡수됩니다. 따라서 카로틴이 풍부한 당근이나 시금치 같은 녹황색 채소를 섭취할 때에는 지방이 들어 있는 드레싱이나 마요네즈를 사용하는 편이 좋아요.
단, 지방과 식초가 섞여 있는 프렌치드레싱은 분리되기 쉬우므로 잘 흔들어서 사용하거나 마요네즈로 대체하면 됩니다.

12 과일을 맛있게 먹으려면 상온에 둘까, 냉장 보관할까?

살짝 차갑게.

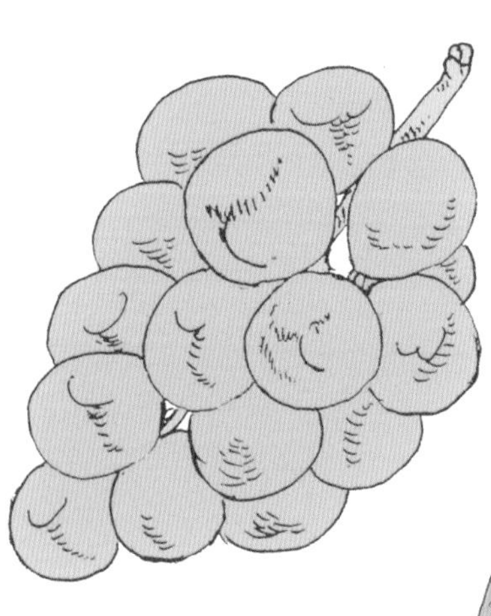

효과

① 단맛이 강해진다.

차갑게 하면……

단맛이 강해진다.

비결 해부

과일의 단맛을 내는 물질인 과당과 포도당은 단맛이 약한 α형과 단맛이 강한 β형, 두 가지 화학구조로 구성되어 있습니다. 이러한 성분은 온도의 변화에 따라 단맛의 정도가 바뀌도록 하지요. 저온에서는 α형이 감소하고 β형이 증가하므로 단맛이 강해지지만 온도가 높아지면 반대로 α형이 늘고 β형이 줄어서 산미가 강해지는 것입니다.

단, 열대과일의 경우는 차게 하면 색이 변하고 과육이 물러지는 등 일종의 저체온증을 일으키므로 먹기 한 시간 전에 냉장고에 넣으면 됩니다. 그러면 청량감이 단맛을 부각시키고, 입안에서 과일의 온도가 올라가 향기가 입안 가득 퍼지게 되지요.

13 바로 먹어야 좋은 과일, 숙성시켜야 더 좋은 과일

바로 먹는 과일.

포도, 귤, 블루베리,
파인애플, 딸기 등

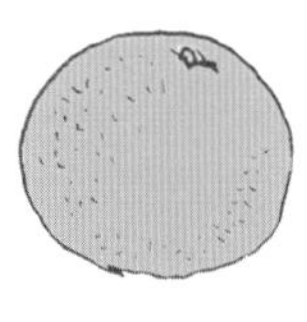

숙성시켜 먹는 과일.

바나나, 사과, 망고 등

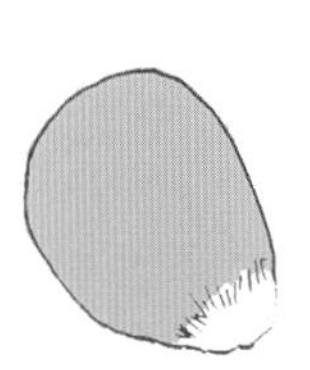

효과(과일을 숙성시켜 먹는 경우)

① 단맛을 더한다.

효과(과일을 바로 먹는 경우)

① 신선할수록 맛있으며 두었다 먹어도 단맛이 늘지 않는다.

시간이 흐르면……

귤

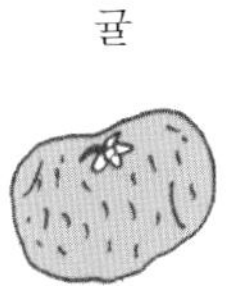

썩는다.

사과

에틸렌가스로 인해 숙성된다.

비결 해부

사과는 성숙 호르몬인 에틸렌가스를 방출하는 식품으로 알려져 있지요. 실은 그 밖에도 많은 과일이 이러한 성분을 가지고 있답니다. 이 에틸렌가스에 의해 수확한 뒤에 숙성되는 과일을 클라이맥테릭(Climacteric)형 과실이라고 부릅니다. 특히 바나나와 사과, 망고 등은 후숙시키는 것으로 단맛이 더해지지요.
감귤류나 베리류, 파인애플 등은 비클라이맥테릭형으로 수확한 뒤에 숙성되는 일이 없습니다. 따라서 수확 뒤에 시간이 흐르면 맛이 덜해지거나 상할 뿐이므로 바로 먹도록 합니다.

14 사과의 변색은 소금물로 막는다

자른다.

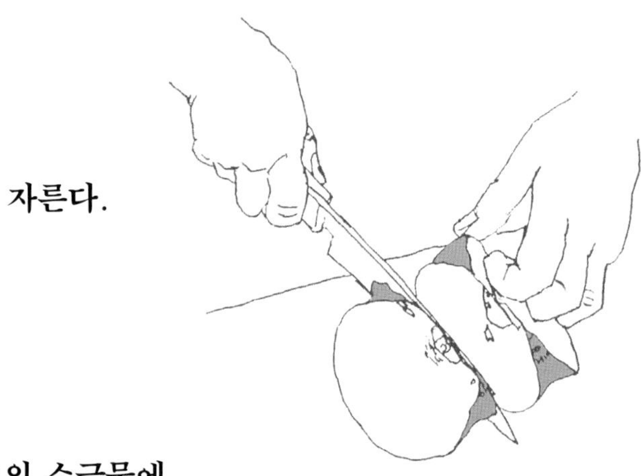

1% 농도의 소금물에
20~30초 정도 담근다.

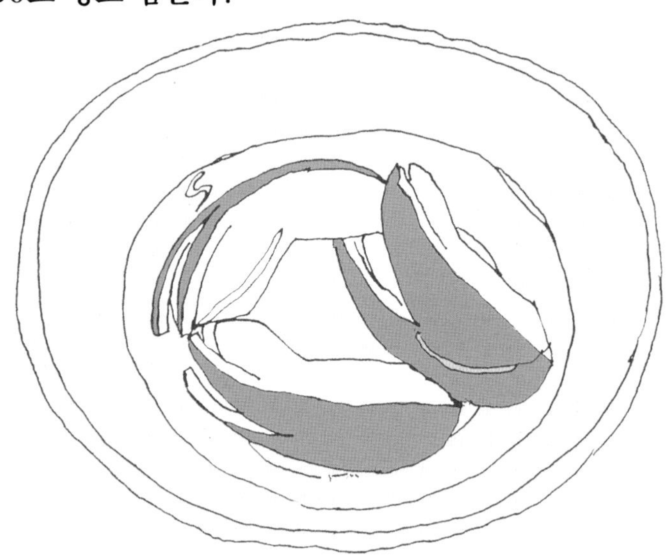

효과

① 변색을 막는다.

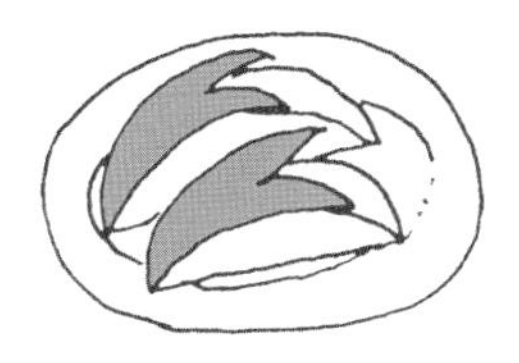

요리 예

사과 등

비결 해부

폴리페놀계 성분과 옥시다아제(Oxidase)라고 하는 산화효소를 모두 함유하고 있는 사과는 껍질을 벗긴 단면이 산화되어 변색하기 쉽지요. 소금물에 담그면 이러한 산화효소의 작용을 막을 수 있습니다. 껍질을 깎거나 자르면 바로 1% 정도의 소금물에 넣어 주세요. 너무 오래 담가 두면 수용성 비타민까지 녹아 나오므로 시간은 20~30초, 길어도 5분 정도면 충분합니다. 짠맛이 날까 봐 염려된다면 소금 대신 레몬즙이나 식초를 이용해도 좋아요.

육류에 관한 비결

스테이크, 돈가스, 햄버그스테이크 등
고기 요리는 자주 식단의 메인을 장식합니다.
하지만 질겨지거나 퍽퍽하게 조리되기도 쉽지요.
고기 요리에 실패하지 않는 비결을 소개합니다.

15 고기는 요리하기 30분 전에 냉장고에서 꺼내 상온에 둔다

팩째로 두어도 OK.

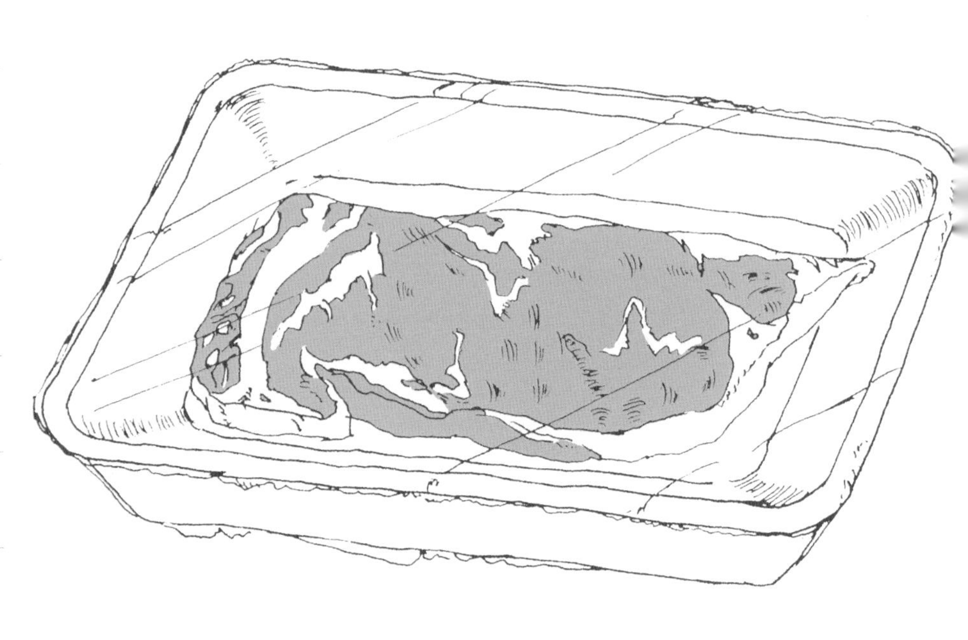

효과

① 고기가 제대로 익는다.

요리 예
로스트비프, 스테이크,
포크소테

비결 해부

냉장고에서 막 꺼낸 고기는 무척 차가운 상태입니다. 그런데 본래 고기를 구울 때에는 표면이 단번에 익으면서 단백질이 응고되므로 표면과 중심부의 온도차가 커지기 마련입니다. 안쪽까지 열기가 통하려면 시간이 걸리고요. 따라서 고기가 차가운 상태라면 속까지 열기가 통하기도 전에 표면이 타 버리고 맙니다. 조리시간이 길어지면 그만큼 고기의 지방과 육즙, 맛도 빠져 버리겠지요.
이러한 결과를 피하기 위해 고기는 조리하기 30분 전에는 냉장고에서 꺼내 실온에 두도록 합니다.

16 조리 전에 고기를 두드려 둔다

고기 망치로 두드린다.

고기 망치가 없으면 밀대,
맥주병 등으로 대체할 수 있다.

① 두드릴 때에는 고기가 펼쳐지도록,

② 두드린 뒤에는 펼쳐진 부분이
어느 정도 되돌아오도록
형태를 정돈한다.

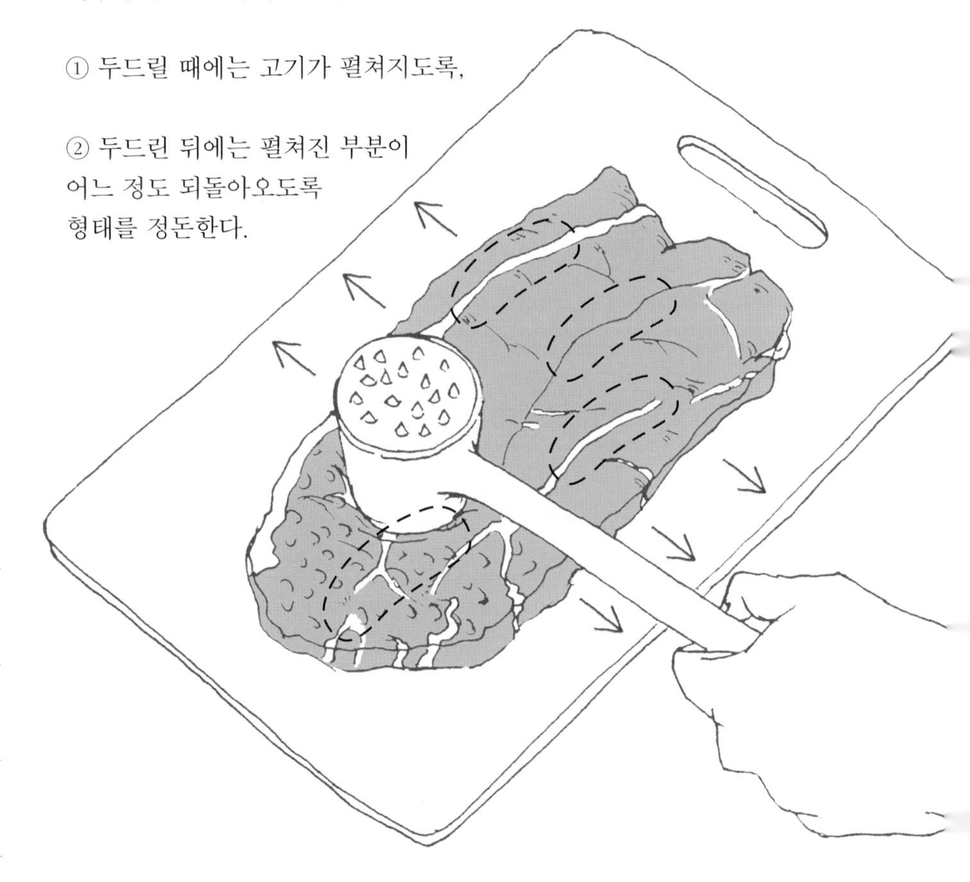

효과

① 고기가 부드럽게 된다.

요리 예

스테이크, 돈가스 등

비결 해부

고기는 가열하면 근원섬유(근섬유의 세포질에 발달한 가늘고 긴 섬유구조) 단백질이 응고하고 콜라겐이 수축하므로 전체적으로 작아지며, 뒤틀리거나 오그라들기도 합니다. 조리 전에 고기를 두드려 두면 이런 수축을 막을 수 있습니다. 고기 망치가 없다면 칼등을 이용해도 좋습니다. 칼등을 섬유질과 직각이 되도록 맞춘 뒤에 격자 모양으로 앞뒷면 모두 20번 정도 골고루 두드려 주세요. 힘줄 부분은 칼로 잘라 주시고요. 이렇게 섬유를 끊어두면 가열해도 고기가 수축하지 않고 부드러워지며 형태도 유지됩니다.

17 고기를 자를 때에는 섬유질과 수직으로 자른다

섬유질의 직각 방향으로 자른다.

소고기

먼저 섬유질에 따라 고기를 큼지막하게 나눈 뒤에 작게 썬다.

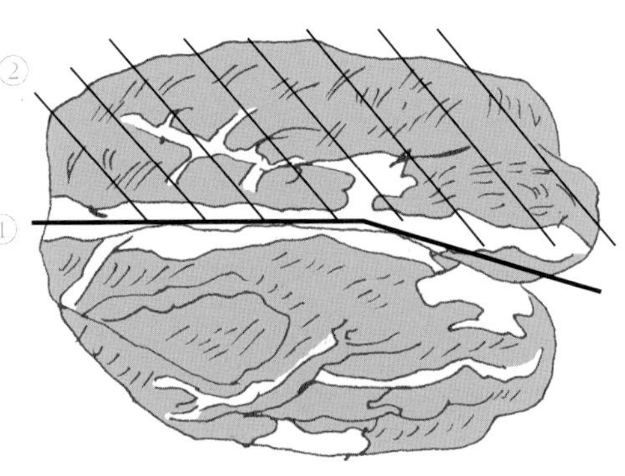

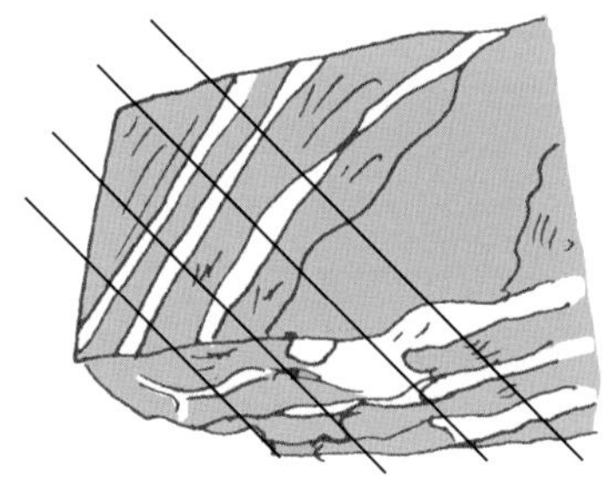

돼지고기

닭가슴살

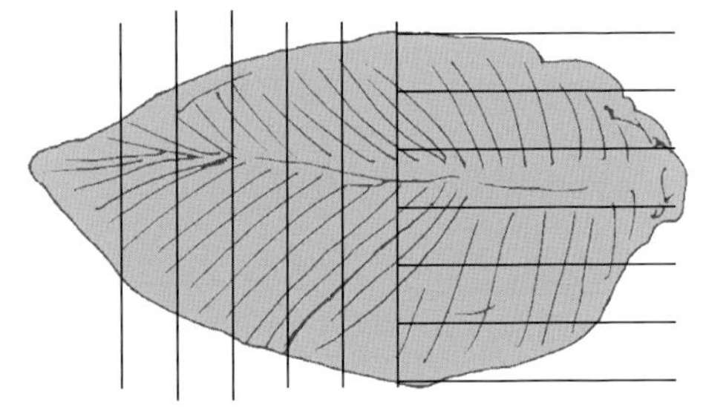

효과

① 부드럽고 먹기 편하게 된다.

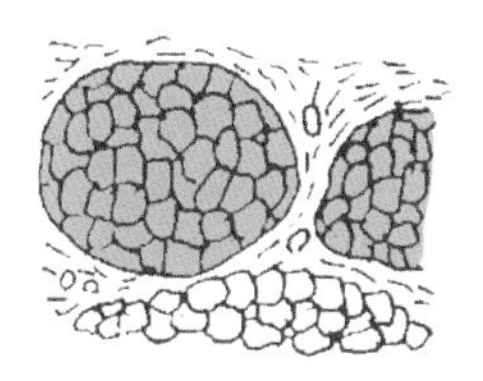

섬유질과 직각으로
잘랐을 때의 절단면

비결 해부

아무리 상급의 고기라도 자르는 방법 하나로 질겨지기도 하고 부드러워지기도 합니다. 원래 고기는 미오신(Myosin)과 액틴(Actin) 등으로 불리는 섬유 덩어리이기 때문이지요. 게다가 생선과 비교해도 더 길고 단단한 근육섬유로 구성되어 있으므로 그대로라면 먹기가 불편합니다.
따라서 고기를 자를 때에는 섬유질을 가능한 한 짧게 하기 위해 섬유질과 직각이 되도록 자릅니다. 소고기는 우선 섬유질에 따라 크게 등분하여 나눈 뒤에 섬유질과 수직으로 작게 자르면 좋습니다. 이렇게 하면 열전달도 더 좋아진답니다.

18 고기를 익히거나 가열하기 전에 칼집을 넣는다

효과

① 열기가 균일하게 전달된다.
② 고기가 오그라드는 것을 막는다.

요리 예

비프스테이크, 돈가스 등

비결 해부

고기를 구우면 열에 의해 변성되는 단백질로 인해 섬유질이 수축하므로 고기가 작아지거나 변형되고 맙니다. 이러한 수축을 방지하기 위해 스테이크 같은 고기 요리를 하기 전에는 고기를 두드려 주지요.
그러나 고기를 두드려 두면 섬유질은 끊어지지만 힘줄까지 끊어지지는 않습니다. 살코기와 지방 사이에는 단단한 힘줄이 있으므로 그것을 끊기 위해서는 칼집을 넣어야 합니다. 이렇게 힘줄을 자르는 것으로 고기의 형태가 변형되지 않고 열기도 균일하게 전달될 수 있습니다.

19 소고기는 취향에 따라, 돼지고기는 제대로 익힌다

소고기.

레어 상태도 섭취 가능

돼지고기.

속까지 익혀서 섭취함

효과(소고기)

① 고기 본연의 맛을 즐길 수 있다.

효과(돼지고기)

① 기생충을 제거할 수 있다.

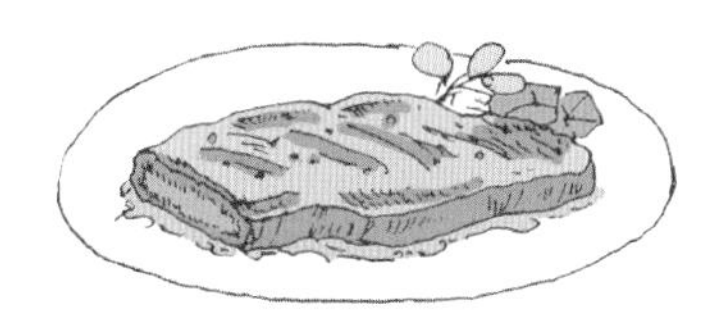

요리 예

비프스테이크,
포크스테이크 등

비결 해부

고기는 본래 날것으로도 먹을 수 있습니다. 그러나 돼지고기의 경우는 기생충이나 병원균이 있을 수 있어 속까지 확실히 익혀 먹을 필요가 있지요. 두껍게 썬 돼지고기는 햄버그스테이크를 만드는 경우처럼 처음에는 센 불에서 굽다가 약 불로 줄여 완전히 익히면 됩니다.
소고기는 고기 본연의 맛을 음미할 수 있는 식재료이지요. 두껍게 썰어서 레어나 미디움 등 취향에 따라 굽기의 정도를 가감하며 즐길 수 있습니다.

20 고기를 푹 익히는 요리를 하기 전에는 미리 와인에 담가 둔다

한나절에서 하루 정도 담가 둔다.

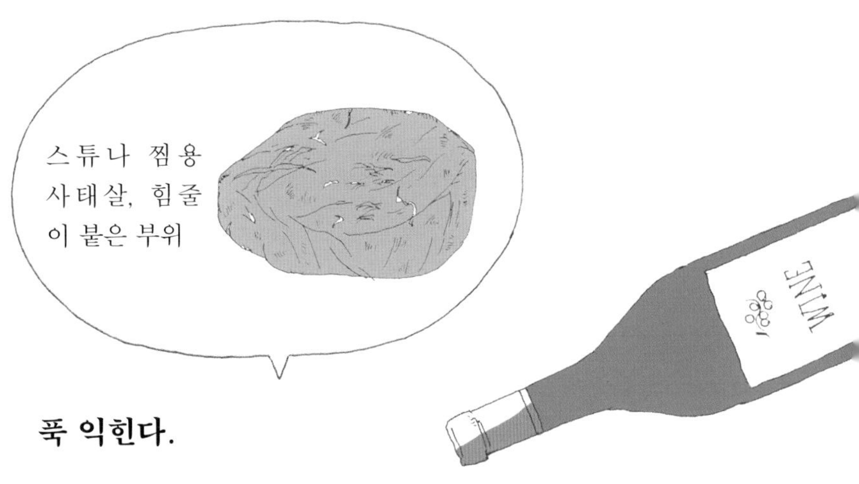

푹 익힌다.

효과

① 단백질을 부드럽게 한다.

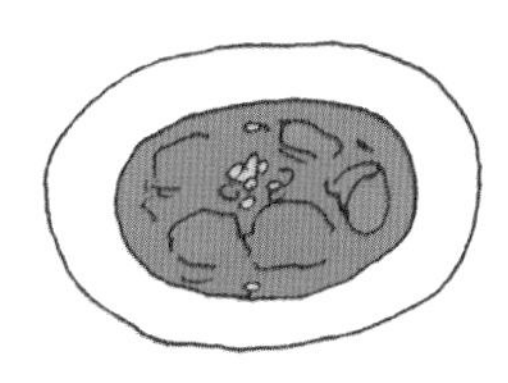

요리 예

비프스튜, 카레 등

비결 해부

육질의 주성분인 근육 다발을 감싸고 있는 막 모양의 콜라겐은 상당히 단단한 단백질에 해당합니다. 따라서 별도의 처리 없이 짧은 시간 가열하면 콜라겐이 수축해서 고무처럼 단단해지고 마는 것이지요. 그러나 이 콜라겐은 산성 액체에 담가 두면 부드러워지는 성질이 있습니다. 그뿐만 아니라 장시간 가열하면 젤라틴이 분해되어 뭉그러지기 쉬워집니다. 따라서 식감이 더욱 부드럽게 느껴집니다.

21 소고기, 어디를 어떻게 먹을까?

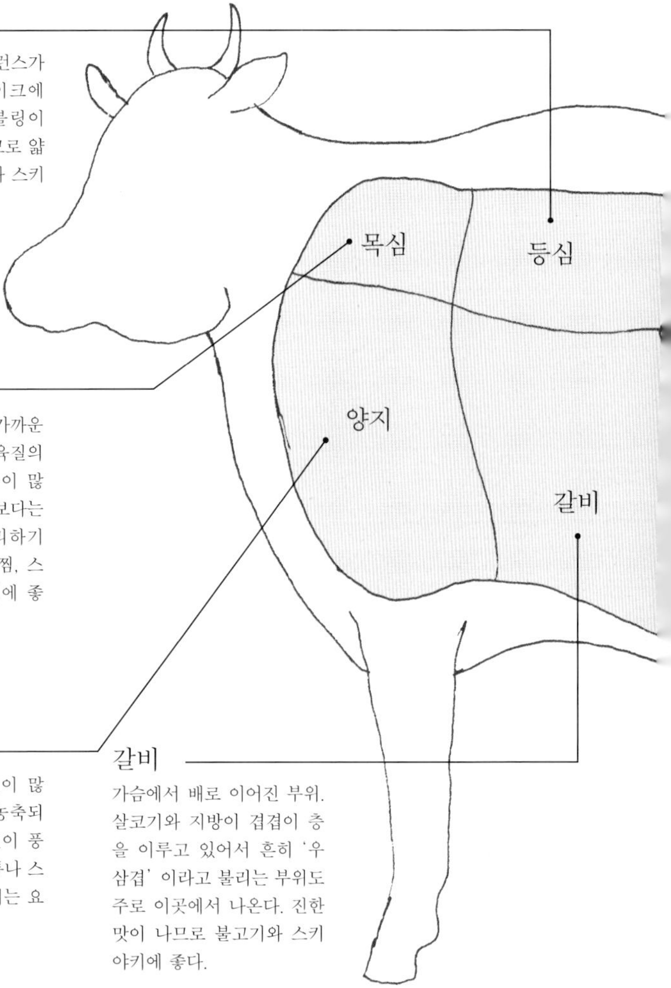

등심

살코기와 지방의 밸런스가 좋다. 따라서 스테이크에 적합하다. 또한 마블링이 풍부한 경우가 많으므로 얇게 저며서 샤브샤브나 스키야키로 요리하면 맛있다.

목심

소의 머리에서 가장 가까운 등 쪽 면의 고기로 육질의 결이 치밀하다. 힘줄이 많으므로 두껍게 썰기 보다는 얇게 써는 편이 조리하기 편하다. 샤브샤브나 찜, 스튜 요리 등을 만들기에 좋은 부위다.

양지

지방이 적고 단백질이 많은 부위. 감칠맛이 농축되어 있는 데다 젤라틴이 풍부한 부위이므로 스튜나 스프 등 푹 끓이거나 찌는 요리에 활용하기 좋다.

갈비

가슴에서 배로 이어진 부위. 살코기와 지방이 겹겹이 층을 이루고 있어서 흔히 '우삼겹' 이라고 불리는 부위도 주로 이곳에서 나온다. 진한 맛이 나므로 불고기와 스키야키에 좋다.

안심

한 마리에서 취할 수 있는 양이 적기 때문에 고급 부위로 불린다. 샤토브리앙(chateaubriand: 안심 중에서도 가장 부드러운 특등급 부위. 프랑스의 문호 샤토브리앙 자작이 즐긴 데서 유래한 명칭이다)이 나오는 것도 이 부위이며 스테이크에 좋다.

서로인. 채끝

스테이크 부위로 인기 있는 등심. 육질이 부드럽고 마블링이 풍부하다. 샤브샤브나 스키야키에도 사용할 수 있다.

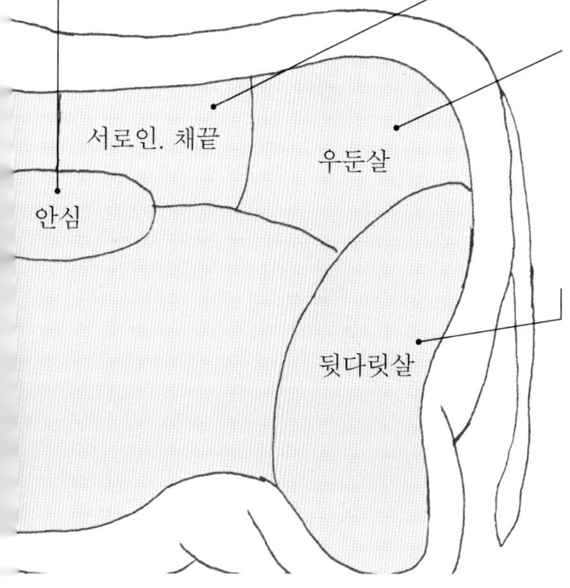

우둔살

소의 허리에서 엉덩이에 걸친 부위. 부드러운 데다 풍미가 좋아서 로스트비프, 스테이크 등 어떤 요리에도 잘 어울린다.

뒷다릿살

소의 몸통에서 뒷다리로 이어지는 부분. 지방질이 적기 때문에 육질은 질긴 편이다. 따라서 얇게 썰어 볶거나 불고기를 만드는 데 사용한다. 다짐육으로 만들어 햄버그스테이크에도 이용한다.

비결 해부

스테이크에 가장 적합한 부위는 육질이 부드럽고 지방이 많은 채끝살(서로인), 혹은 육질은 부드러우면서 지방이 적은 안심입니다. 마블링이 풍부한 등심은 얇게 잘라 샤브샤브나 스키야키를 하기에 좋습니다. 지방이 적고 풍부한 감칠맛이 나는 양지는 카레나 스튜 등의 조림요리에 사용해 보세요. 살코기와 지방이 층을 이루고 있는 갈비는 얇게 썰어 불고기로 만들거나 두툼하게 썰어서 찜 요리를 하면 좋습니다. 우둔살은 로스트비프, 스테이크 등에 적합합니다.

22 돼지고기, 어디를 어떻게 먹을까?

목살

적당한 지방질이 들어 있어서 감칠맛이 나는 부위. 무엇보다 돼지고기 본연의 맛이 나는 부위이므로 용도가 넓다. 토마토소스를 이용한 조림, 포토푀, 카레, 돼지고기 생강구이 등을 만들기에 좋다.

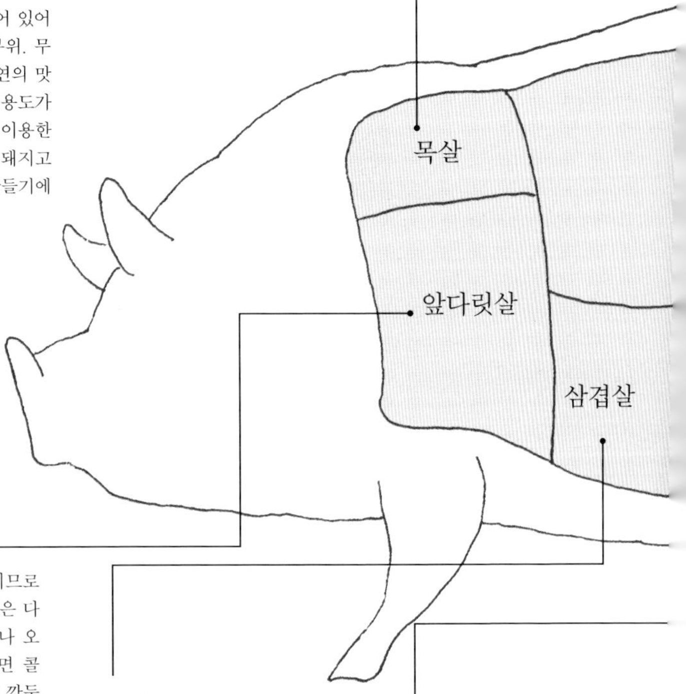

앞다리살

움직임이 많은 부위이므로 살코기가 많으며 육질은 다소 질긴 편이다. 그러나 오랜 시간 삶거나 조리면 콜라겐이 녹아 나오므로 깍둑썰기하여 조림 요리에 이용하면 좋다. 포토푀나 스튜 등에도 추천할 만하다.

삼겹살

지방함량이 높은 고칼로리 부위. 칼로리가 걱정된다면 삶아서 조리함으로써 삶는 물에 지방을 어느 정도 녹여 내보내는 방법을 쓸 수 있다. 각종 조림, 볶음, 불고기, 베이컨 등 풍부한 용도로 사용된다.

안심

돼지 한 마리에서 적은 양밖에 나오지 않는 고급부위. 부드러운 식감에 비타민 B1이 풍부하게 함유되어 있다. 지방질이 적고 맛도 담백하므로 돈가스와 같은 기름을 사용한 요리에 적합하다.

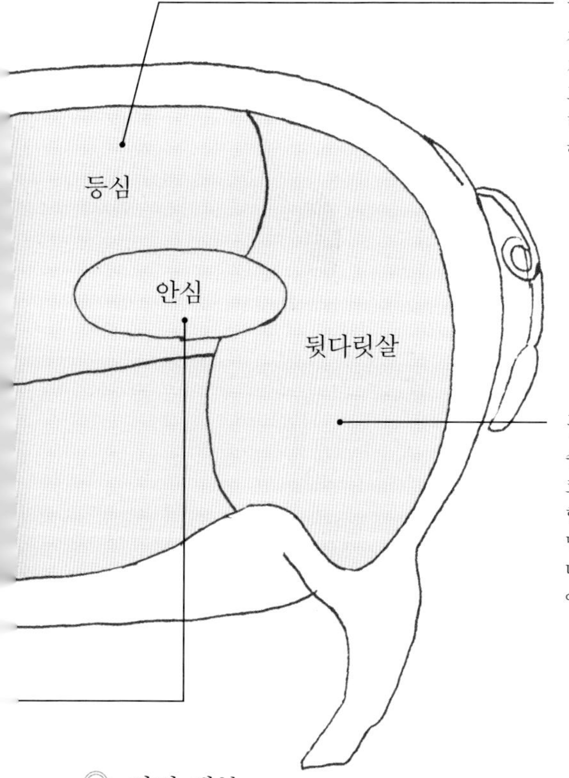

등심

지방질과 살코기가 명확하게 나뉜 부위로 육질은 부드럽다. 샤브샤브, 돈가스, 햄, 소테 등의 요리에 이용하기 알맞다.

뒷다릿살

수육이나 보쌈 등 덩어리로 조리하는 것을 추천할만한 부위. 살코기에는 비타민 B1도 다량 함유되어 있다. 얇게 썰어서 국물 요리에 넣어도 좋다.

비결 해부

담백한 맛의 안심은 돈가스처럼 기름을 쓰는 요리와의 궁합이 좋습니다. 구이 및 찌개 등의 국물 요리에도 자주 쓰이는 삼겹살은 부드러우면서 감칠맛이 있지요. 따라서 베이컨에도 이 부위가 사용됩니다. 뼈가 붙어 있는 스페어립은 찜 요리에도 좋답니다. 살코기가 많은 목살과 앞다릿살은 찜과 조림 요리, 다짐육 등으로 쓰입니다. 조직이 조밀하면서도 부드러운 등심은 햄이나 소테에 적합하고요. 또 뒷다릿살은 햄, 스튜, 국물 요리 등 어떤 요리에도 잘 어울립니다.

23 닭고기, 어디를 어떻게 먹을까?

가슴살
지방이 적고 단백질이 풍부한 부위. 육질이 부드러우며 맛은 담백하기 때문에 튀김처럼 기름을 사용하여 조리하기에 적합하다. 치즈와의 궁합도 좋다.

닭안심
닭가슴살의 안쪽 면에 위치하며 대나무의 잎과 같은 형태를 띠고 있다. 칼로리가 낮기 때문에 다이어트에 최적인 부위다. 부드럽고 담백하므로 닭사시미에도 적합하다. 가열하면 퍽퍽해지므로 맛술 등을 첨가하여 찌면 폭신한 식감을 느낄 수 있다.

다릿살
닭고기의 맛과 육즙이 듬뿍 담겨 있으므로 치킨이나 카라아게 등을 하는 부위다. 크림이나 토마토소스와 함께 조려도 맛있게 즐길 수 있다. 칼로리가 걱정된다면 삶거나 조리한 뒤에 껍질을 제거하면 된다.

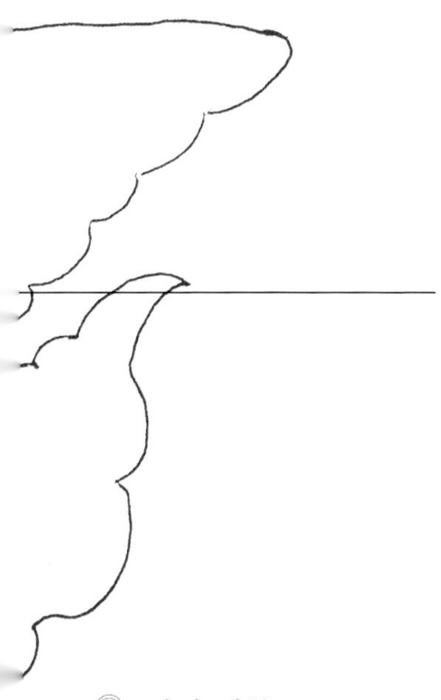

닭날개

콜라겐이 풍부하다. 풍부한 감칠맛이 나는 데다 날갯죽지의 뼈에서도 깊은 맛이 우러나오므로 조림 요리에 사용하면 좋다. 튀김으로도 인기 있는 부위다.

내장

닭의 내장류는 작고 내장 특유의 냄새가 없으므로 사용하기 용이하다. 특히 염통이나 간은 철분, 구리 등의 미네랄 성분도 포함하고 있다. 또한 오독오독한 식감이 특징으로 꼬치구이에 좋으며 신선한 경우라면 생으로도 먹을 수 있다.

비결 해부

토리와사(とりわさ: 닭고기를 사시미로 혹은 레어 정도로 익혀서 취향에 따라 고추냉이 간장 소스를 곁들인 요리)와 같이 닭고기는 생으로도 먹을 수 있습니다. 특히 부드럽고 담백한 닭안심은 닭사시미에 제격이지요.
닭날개처럼 닭 뼈에 붙어 있는 고기는 익히는 데 시간이 걸리지만 형태의 변형이 적으므로 조림을 만들기 좋습니다. 지방질의 맛과 육즙이 풍부한 다릿살은 치킨이나 카라아게, 치킨소테 등의 요리에 적합합니다.
닭고기는 껍질이 부드러운 데다가 콜라겐이 풍부하므로 조리 시 껍질과 함께 요리하는 편이 더욱 감칠맛을 낸답니다.

24 햄버그스테이크를 만들 때에는 돼지고기와 소고기를 섞는다

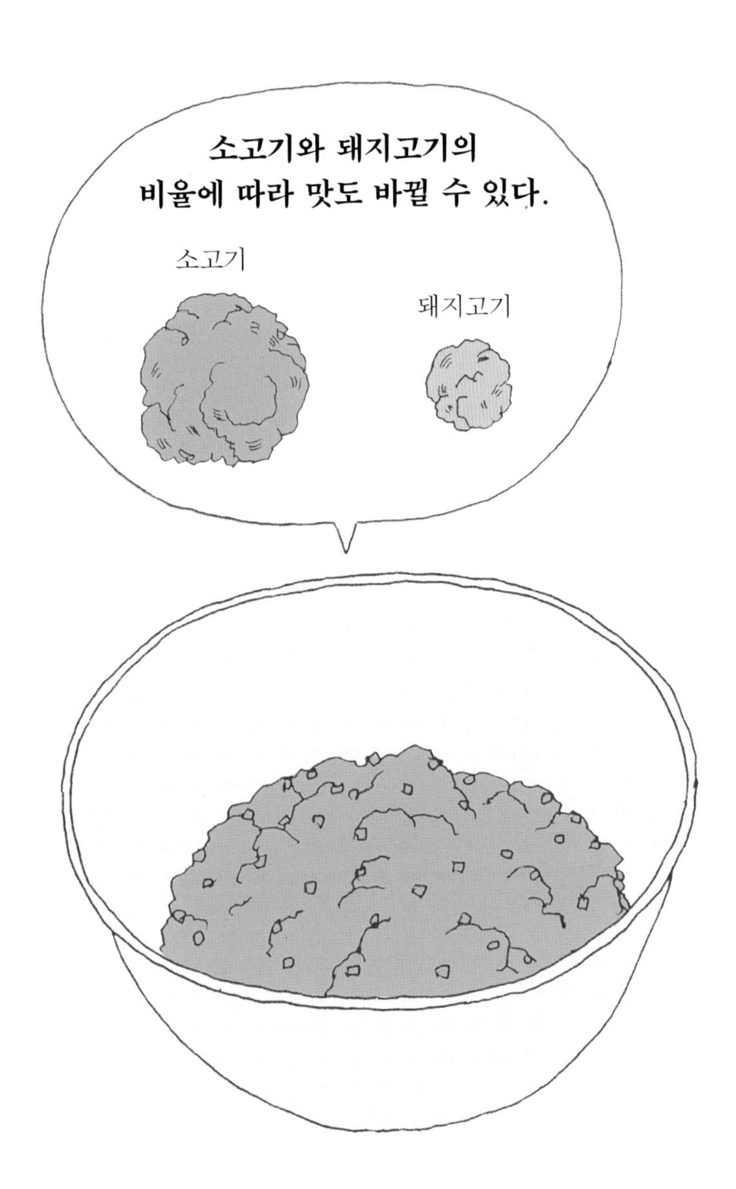

효과

① 부드럽고 먹기 편한 맛과 식감이 된다.

비결 해부

햄버그스테이크를 만들 때 돼지고기를 많이 넣으면 부드러워지는 반면 소고기를 많이 넣으면 고기 본연의 맛과 질감이 강해집니다. 따라서 어린이나 어르신들을 위해 만드는 경우라면 돼지고기를 넉넉하게 쓰는 편이 좋겠지요.

또 사용하는 고기의 부위에 따라서도 단단함의 정도와 맛이 달라지는데요. 살코기를 많이 넣으면 단단해지지만 지방질이 많으면 그만큼 부드러워집니다. 따라서 소고기만으로도 햄버그스테이크를 만들 수 있습니다. 물론 맛을 위해서라도 어느 정도의 지방질은 필수적이지요. 취향에 따라 개인차가 있을 수 있지만 고기 본연의 질감과 풍부한 육즙을 겸비한 부드러움을 모두 즐기고 싶다면 소고기와 돼지고기의 비율을 6:4로 하는 것이 좋습니다.

25 다짐육은 소금을 넣고 반죽한 뒤에 모양을 완성한다

소금을 넣고 확실히 반죽한다.

손바닥 전체를 써서
힘을 가한다.

모양을 완성한다.

그 밖의 재료를 넣으면 이런 효과가……

계란

재료를 한데 모아 준다.

빵가루

식감을 좋게 하고 육즙을 유지시켜 준다.

양파

고기의 잡내를 없애 준다.

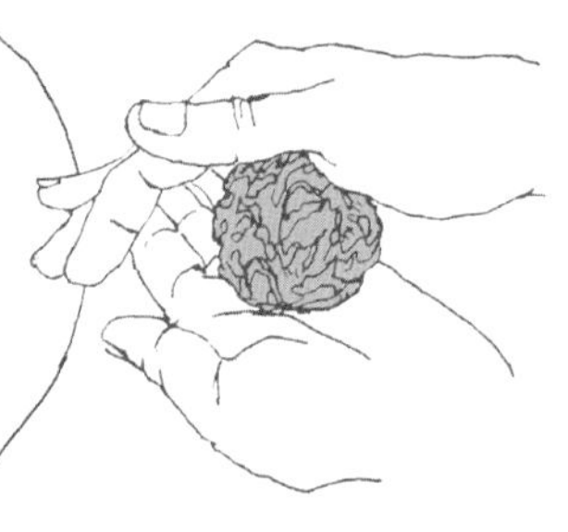

효과

① 부스러지는 것을 막고 모양을 유지시켜 준다.

요리 예

미트볼, 햄버그스테이크, 미트로프 등

비결 해부

다짐육으로 반죽을 할 때는 염분을 더해서 고기의 근육섬유 단백질인 미오신(Myosin)과 액틴(Actin)으로부터 끈기가 나올 때까지 확실히 반죽하도록 합니다. 그렇게 하면 접착력이 높아져서 가열해도 부스러지거나 갈라지지 않게 되니까요.

단, 다진 고기만으로는 딱딱하거나 퍽퍽해질 수 있으므로 부재료나 수분을 더하면 좋아요. 또한 필요 이상으로 반죽하는 것도 질겨지는 원인이 될 수 있으므로 적당한 점도가 나오면 반죽을 멈추고 모양을 만들어야 합니다.

26 다짐육을 반죽할 때에는 재빨리

얼음물에 식혀 가면서
반죽해도 좋다.

효과

① 온도가 올라가서 상하는 것을 막는다.

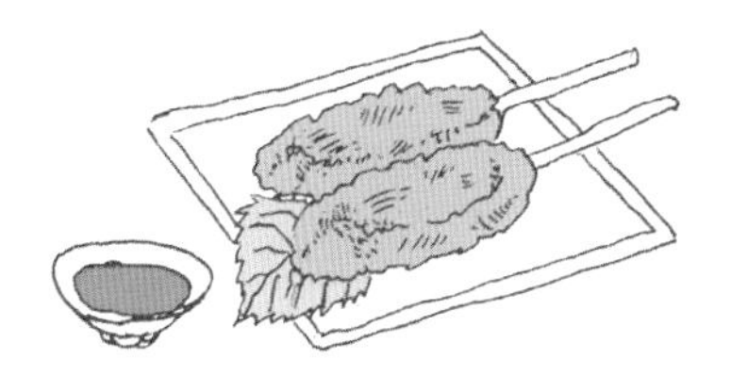

요리 예

햄버그스테이크, 만두소,
고기완자 등

비결 해부

다짐육은 표면적이 넓어서 세균이 붙기 쉬우므로 상하기도 쉽습니다. 따라서 천천히 반죽을 하다 보면 그 사이에 온도가 올라가서 부패할 수 있습니다. 반죽을 할 때에는 우선 신속하게 하는 것이 포인트입니다. 가능한 한 짧은 시간에 손바닥 전체를 사용하여 힘껏 반죽하여 마무리하도록 하세요. 모양을 만들기 편할 만큼 점도가 나올 때까지만 하면 됩니다.
여름철에는 얼음물을 준비해서 온도를 차게 식혀 가며 반죽을 하는 것도 좋습니다.

27 햄버그스테이크 반죽은 중앙이 움푹 들어간 모양으로 만든다

효과

① 한가운데까지 잘 익도록 한다.

눌러 두지 않은 채 그대로 구우면 중앙이 부풀어 오른다.

비결 해부

공기를 품고 있는 햄버그스테이크의 반죽은 열전도율이 나쁘므로 속까지 열기가 전달되는 데 시간이 걸립니다. 특히 반죽이 두꺼운 편이라면 구워지는 정도에도 편차가 생겨서 표면은 타고 중앙은 설익은 상태가 되어 버리고 말지요.
또한 60℃ 이상으로 가열할 때 근육형질의 단백질은 응고되고 콜라겐도 수축됩니다. 따라서 육질이 수축되고 반죽의 중앙은 부풀어 오릅니다. 이를 막기 위해서 반죽의 모양을 완성한 뒤에 구울 때에는 열기가 전해지기 어려운 중앙 부분이 움푹 들어가도록 살짝 눌러 주도록 합니다.

28 햄버그스테이크는 센 불에서 시작하여 약 불에서 익힌다

노릇노릇한 빛깔이 될 때까지는 센 불에.

이후에는 약 불로 시간을 들여서.

효과

① 과하게 타거나 설익는 것을 막는다.

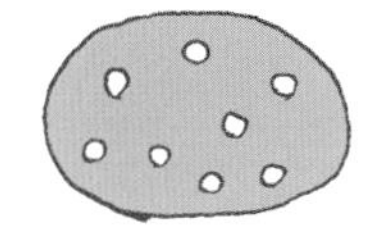

반죽 안에 공기를 머금고 있으므로 구울 때 시간이 걸린다.

비결 해부

일반적으로 햄버그스테이크 반죽을 만들 때에는 손바닥으로 치대서 공기를 뺍니다. 여기에서 알 수 있듯이 햄버그스테이크 반죽은 공기를 다량 포함하고 있습니다. 따라서 스테이크에 비하면 열전도율이 나쁜 것이지요. 이러한 햄버그스테이크를 태우지 않고 속까지 제대로 구워내려면, 처음에는 센 불에 올려 표면을 열로 응고시키도록 합니다. 표면이 노릇노릇하게 익은 뒤에는 중 불에서 약 불까지 조절하며 천천히 가열합니다. 태우지 않으면서 육즙 가득하게 완성하고 싶다면 찌거나 오븐을 이용하는 방법도 좋습니다.

해산물에 관한 비결

회, 구이, 조림…….
해산물 요리는 맛있을 뿐 아니라, 건강에도 좋아
자주 먹고 싶은 음식입니다.
평소 '해산물 요리는 어려울 것 같아'라며
겁내는 분들도 쉽게 이해할 수 있는,
해산물을 능숙하게 요리하기 위한 비결을 소개합니다.

29 껍질부터 굽는 생선, 살코기부터 굽는 생선

접시에 낼 때 보이는 쪽부터 굽는다.

껍질부터 굽는 생선.

고등어, 방어,
연어 등

살코기부터 굽는 생선.

임연수어,
말린 전갱이 등

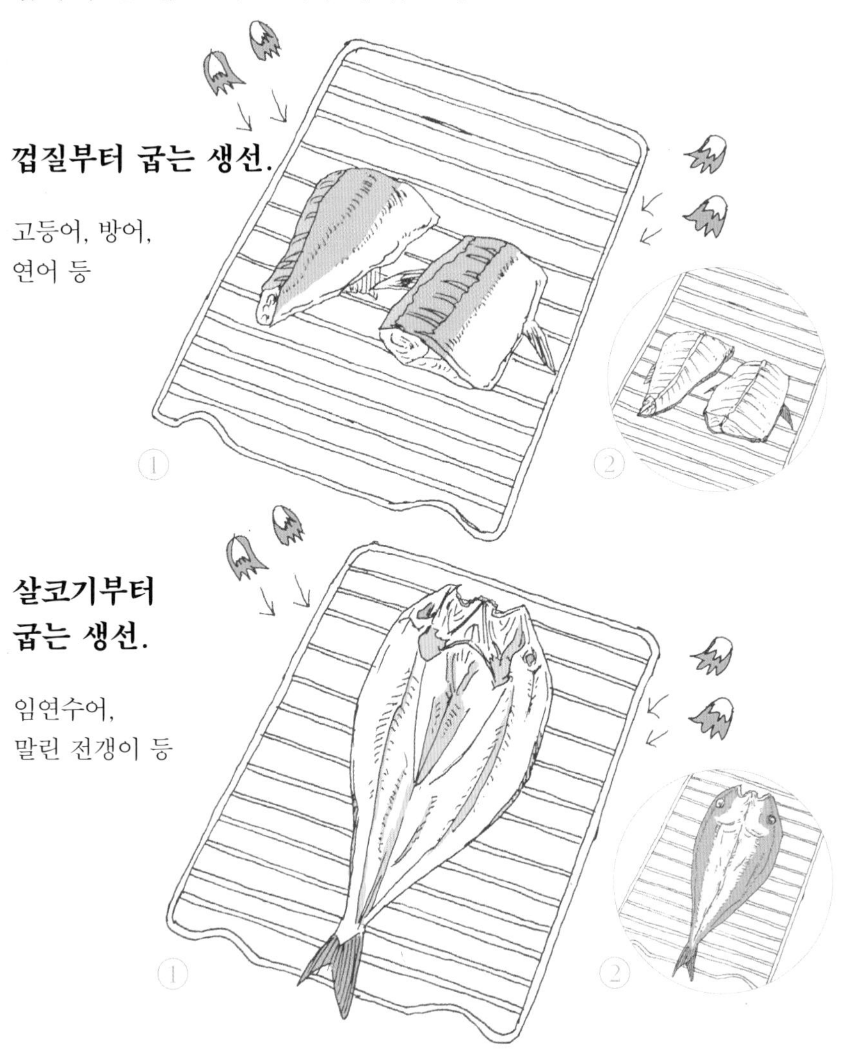

효과

① 보기 좋게 구워진다.

접시에 낼 때 뒷면이 되는 쪽부터 구우면 지저분해지기 쉽다.

비결 해부

생선은 그릇에 낼 때 겉으로 보이는 쪽부터 굽는 것이 일반적이지요. 먼저 구운 면이 보기 좋게 구워지니까요.
따라서 토막 낸 생선은 껍질 쪽이 위에 오므로 껍질 쪽부터 구워 주세요.
건어물처럼 절반을 갈라서 벌린 형태로 섭취하는 생선의 경우는 살코기 쪽이 위에 오니까 살코기 쪽부터 구워 주시고요. 생선의 모양을 그대로 살려 한 마리 전체를 굽는 경우는 머리 쪽이 그릇의 왼편에 올 테니 머리가 왼편이 되는 면부터 굽습니다.
또한 민물고기는 바다 생선에 비해 껍질이 수축되기 쉬우므로 형태가 변하지 않도록 먼저 껍질부터 살짝 굽는 게 좋아요. 뒤집기는 한 번이면 됩니다.

30 생선을 구울 때에는 한 번만 뒤집는다

살이 부서지지 않도록 조심스럽게.

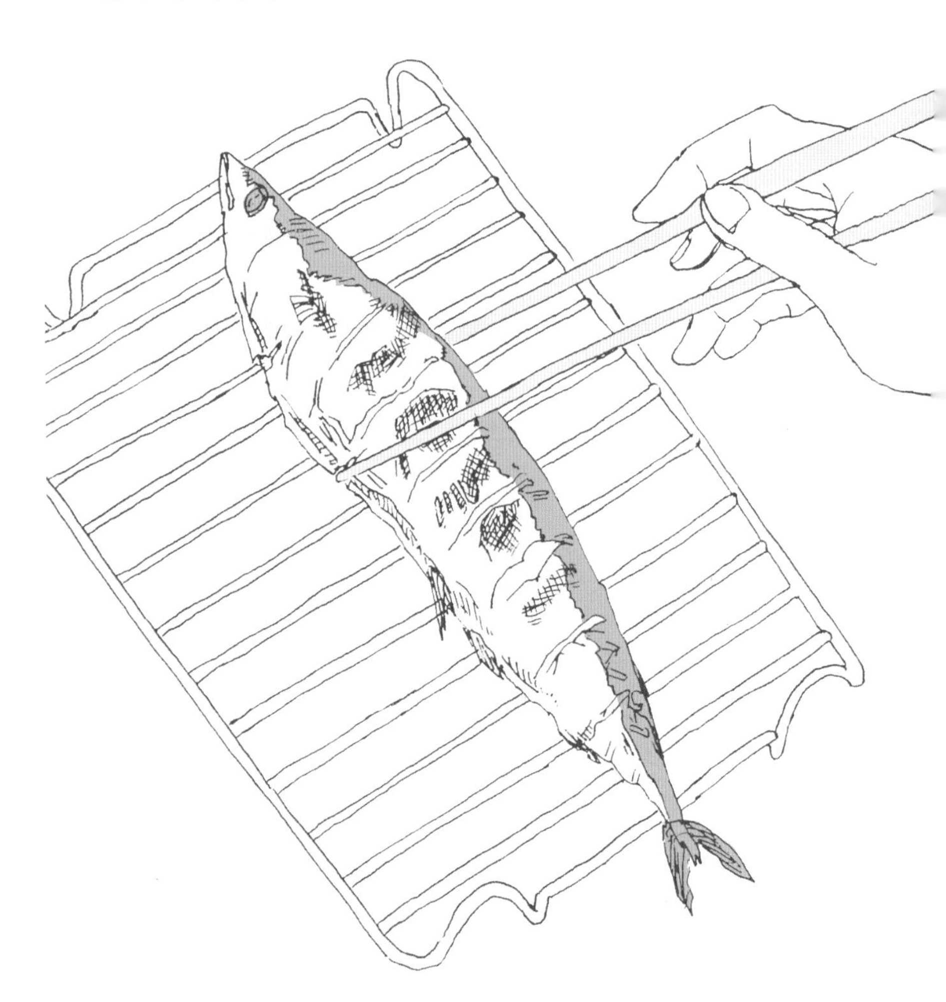

효과

① 보기 좋게 구워진다.

여분의 지방은
키친타월로
닦아내도 좋다.

비결 해부

생선의 단백질은 다른 고기의 단백질과 비교하면 부드러우며 섬유도 짧으므로 열을 가하면 부스러지기 쉬워요. 따라서 가열하는 동안에 몇 번이고 뒤집으면 껍질이 찢어져 엉망이 되어 버리고 말지요.
한 마리를 통째로 굽는 경우는 그릇의 왼편에 머리 쪽을 담으므로 머리가 왼편으로 오는 면을 먼저 제대로 굽고 뒤집은 뒤에는 그보다 조금 짧은 시간 동안 굽습니다. 이때, 겉면은 꼭 노릇노릇하게 되도록 확실히 구워야 합니다. 그래야 비린내의 원인이 되는 트리메틸아민 (Trimethylamine: 악취물질의 하나로 동식물이 분해될 때 생긴다. 무색의 기체로 강한 염기성을 띤다)이 사라지기 때문에 맛있게 완성할 수 있습니다.

31 생선은 센 불에서 거리를 두고 구우면 맛있어진다

화로, 바비큐, 석쇠 등.

효과

① 적당하게 그을어서 내부까지 확실히 익는다.

화로, 바비큐에 어울리는 생선

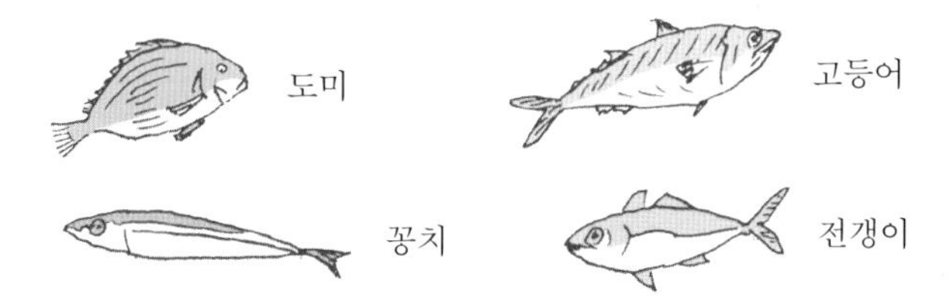

비결 해부

생선은 그릴에 굽는 것이 일반적이지만 그보다 더 맛있게 굽는 방법은 화로에 굽는 것입니다. 식재료를 구우면 단백질과 당질이 아미노카르보닐(Amino carbonyl: 일종의 갈변 현상) 반응을 일으키면서 고소함이 생기지요. 표면에 적당히 그을린 자국이 남으면 보기에도 좋을 뿐 아니라 맛있는 냄새도 납니다.

생선을 구울 때의 적정온도는 200~300℃입니다. 하지만 이렇게 센 불에서 가까이 구우면 속까지 익기도 전에 표면이 타 버리고 약 불로 오래 구우면 수분이 빠져나가 퍼석퍼석하게 되지요. 따라서 생선 전체를 균일하고 먹음직스럽게 구워내려면 센 불에서 거리를 두고 굽는 방법이 가장 좋습니다.

32 생선을 조릴 때에는 조림용 뚜껑을 사용한다

① 육수가 끓으면 토막 생선을 넣는다.

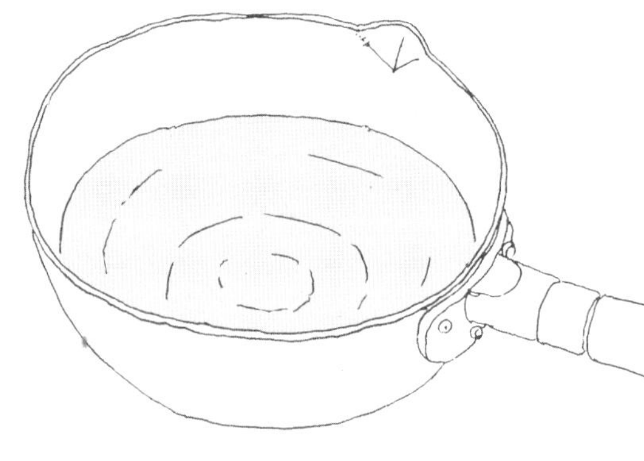

② 생선의 표면이 익으면 불을 줄인다.

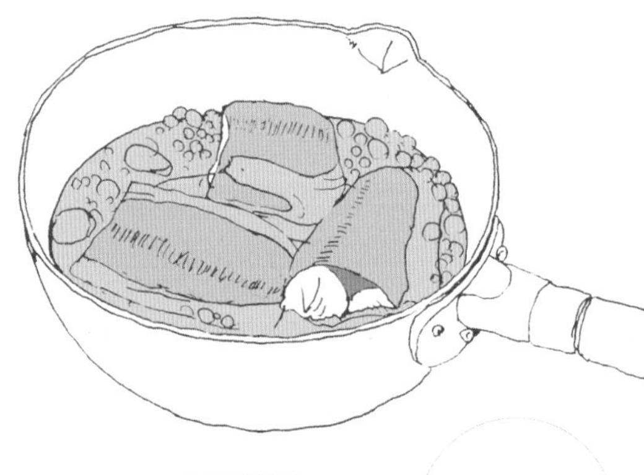

③ 조림용 뚜껑을 덮은 뒤 짧은 시간 조린다.

※ 쿠킹포일, 오븐 시트 등으로 대용 가능

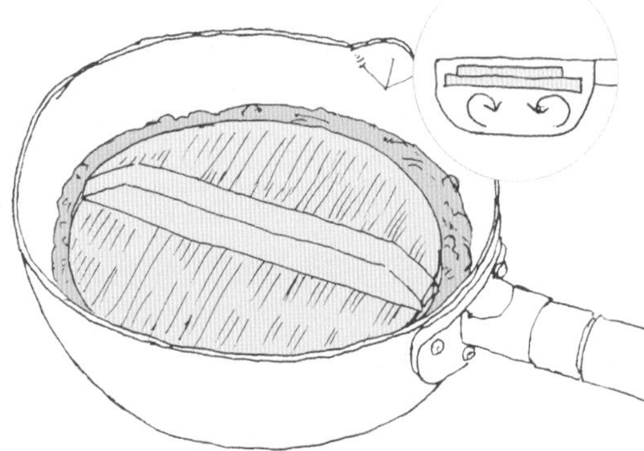

효과

① 균일하게 익고 맛도 잘 배어든다.
② 생선살이 부스러지는 것을 막는다.

요리 예
고등어조림,
가자미조림 등

비결 해부

생선은 단백질이 부드러우므로 익는 속도가 빠릅니다. 또한 조릴 때에는 수분이 빠져나오므로 조림의 밑국물은 적은 양이 좋습니다. 생선 무게의 50~70% 정도의 물과 적당량의 조미료를 첨가해 주세요. 그러면 생선이 밑국물 위로 살짝 올라오는 정도의 상태가 됩니다. 여기에 조림용 뚜껑을 덮으면 밑국물이 끓으면서 뚜껑에 부딪쳐 다시 떨어지면서 생선의 윗부분도 익게 하고 맛이 배도록 합니다. 이 조림용 뚜껑은 생선살이 부스러지는 것도 방지합니다.
밑국물이 너무 많으면 끓이는 중에 생선이 움직여 살이 부스러지는 원인이 됩니다. 또한 조림을 완성한 뒤에도 수분이 너무 많을 때에는 뚜껑을 열어서 밑국물의 양을 조정해 주세요.

33 회로 먹을 때 두껍게 써는 생선, 얇게 써는 생선

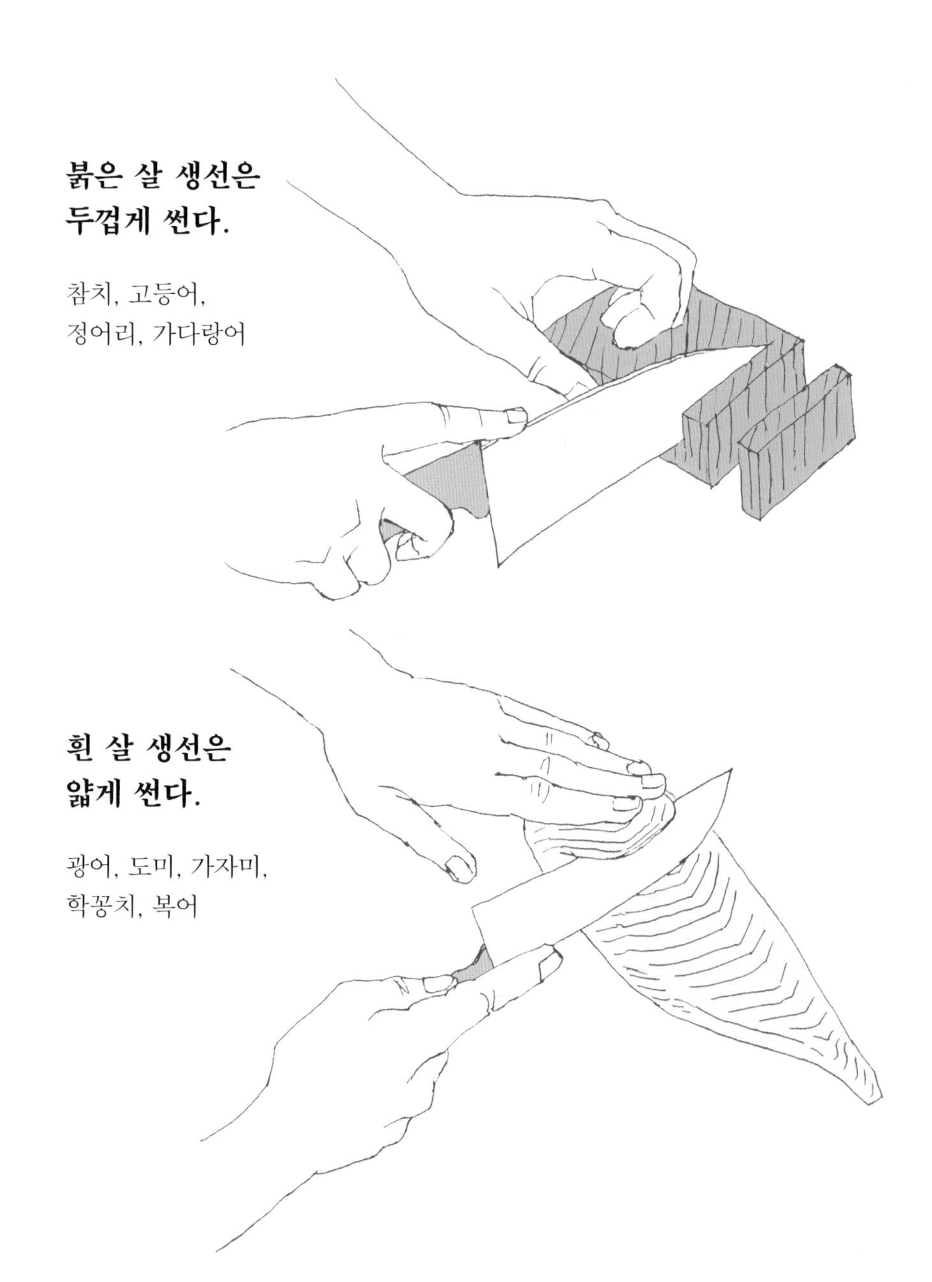

붉은 살 생선은 두껍게 썬다.

참치, 고등어,
정어리, 가다랑어

흰 살 생선은 얇게 썬다.

광어, 도미, 가자미,
학꽁치, 복어

효과(두껍게 써는 쪽)

① 육질을 즐긴다.

효과(얇게 써는 쪽)

① 식감을 즐긴다.

요리 예
회 등

비결 해부

광어와 도미 등의 흰 살 생선은 지방이 적고 결합조직인 콜라겐이 풍부합니다. 참치나 정어리 같은 붉은 살 생선은 회유어(回遊魚: 일정한 경로를 통해 계절에 따라 이동하는 어류)이므로 근육을 만드는 단백질과 지방질이 많은 반면 콜라겐은 적습니다. 따라서 회로 먹을 때 흰 살 생선은 단단한 탄력이 느껴지고, 붉은 살 생선의 육질은 부드러운 것입니다.
흰 살 생선은 먹기 편하도록 포를 뜨는 방법으로 얇게 썰도록 합니다. 붉은 살 생선은 두툼하게 썰거나 주사위 모양으로 썰면 특유의 맛을 즐길 수 있습니다.

34 흰 살 생선은 단시간에, 붉은 살 생선은 시간을 들여 조린다

붉은 살 생선은 양념을 진하게.

고등어,
정어리 등

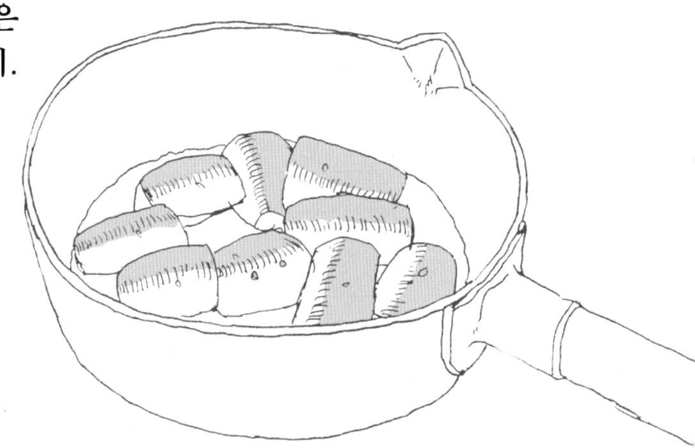

흰 살 생선은 양념을 연하게.

가자미,
도미 등

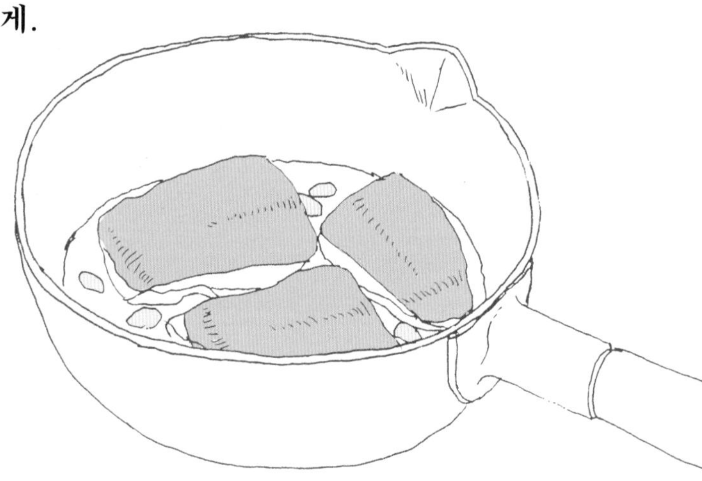

효과(흰 살 생선)

① 담백한 맛을 살린다.

효과(붉은 살 생선)

① 비린내를 억제한다.

요리 예(붉은 살 생선)
고등어조림, 정어리조림 등

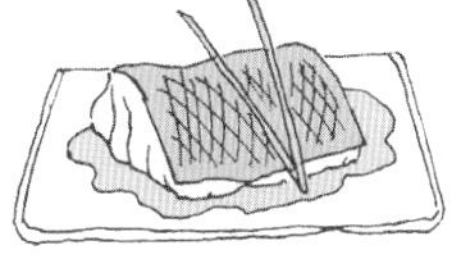

요리 예(흰 살 생선)
도미조림 등

비결 해부

흰 살 생선은 담백한 맛이 특징이므로, 생선 특유의 맛을 살리기 위해서도 양념은 연하게 합니다. 또한 근육형질의 단백질도 적어서 가열하면 살이 부스러지기 쉬운 특징도 있습니다. 따라서 조리는 단시간으로 마무리해 주세요.
붉은 살 생선은 본연의 맛이 진하고 근육형질의 단백질함량도 높으므로 가열하면 생선살이 제 형태를 유지하기 쉽습니다. 다만 비린내가 강하기 때문에 시간을 들여 조리면서 냄새를 날려 주세요. 비린내를 제거하기 위해서는 마늘, 생강, 술, 맛술, 매실 절임 등을 넣어도 좋습니다.

35 바지락과 대합은 소금물로, 재첩은 맹물로 해감한다

물 1L에 30g(밥 숟가락으로 1과 2/3)의 소금을 넣은 물에 하룻밤.

바지락, 대합

맹물에 하룻밤.

재첩

효과

① 모래를 토해내게 한다.

비결 해부

조개류는 호흡하면서 체내에 모래가 섞여 듭니다. 조개류는 구입한 후에도 살아 있으므로 하룻밤 정도 시간을 들여 체내에 남은 모래를 토해내게 할 필요가 있지요.
이때 바지락과 대합 등의 바닷조개는 맹물에 담가 두면 약해져 버리고 맙니다. 하지만 바닷물과 같은 정도의 농도인 3%의 소금물 안이라면 바다에 있을 때처럼 호흡하면서 모래를 뱉어냅니다. 재첩은 해수와 담수의 경계에 살고 있으므로 맹물, 혹은 1% 정도의 옅은 소금물에서 해감하도록 합니다.

36 조개류는 오래 가열하지 않는다

물을 데우기 전부터 넣는다.
조개가 입을 벌리기 시작하면 불을 끈다.

바지락, 대합

물을 먼저 데운다.
조갯살을 넣으면 불을 끈다.

껍질에서 발라낸 대합 살

효과

① 살이 질겨지는 것을 막는다.

요리 예

바지락국, 일본식 된장국, 바지락 술찜 등

비결 해부

저지방, 저칼로리 식품인 조개는 수분을 다량 함유하므로 오래 가열하면 조개 속의 수분이 빠져서 살이 질겨지고 맙니다. 따라서 고온에서 장시간 가열하는 것은 피해야 합니다.
바지락을 껍질째로 조리하는 경우에는 불에 올려서 입을 벌리면 바로 꺼내도록 하세요. 이때 국물이 바글바글 끓지 않도록 주의합니다.
대합의 살을 요리할 때에는 끓는 국물에 넣고 바로 불을 끕니다.
클램차우더는 먹기 직전에 조개를 더하면 좋습니다.

37 새우 손질 시 칼집을 등에 넣을까, 배에 넣을까

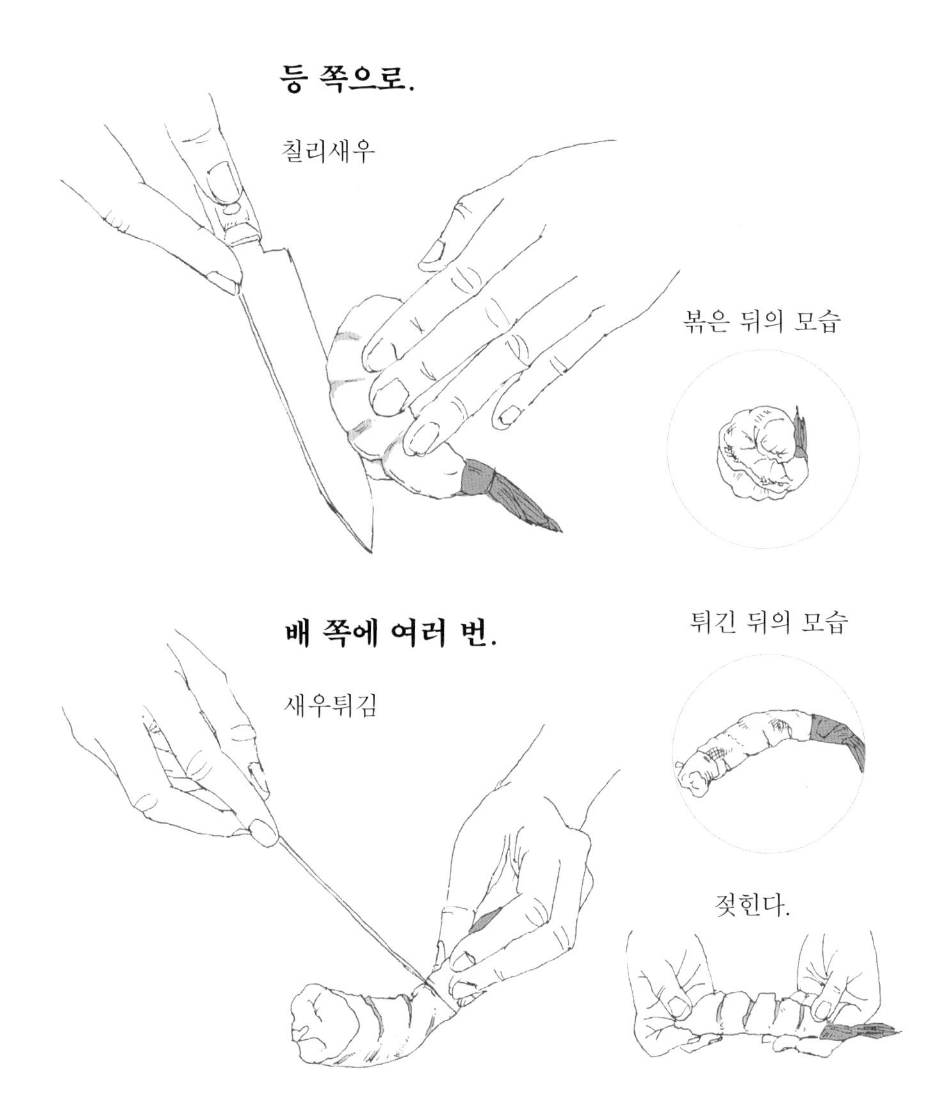

효과(등 쪽의 칼집)

① 맛이 잘 밴다.

효과(배 쪽의 칼집)

① 반듯하게 펴진 모양으로 조리된다.

요리 예(등 쪽의 칼집)
볶음 요리, 칠리새우,
팔보채 등

요리 예(배 쪽의 칼집)
새우튀김 등

비결 해부

새우를 튀김으로 요리할 때에는 새우의 모양이 쭉 뻗어 있는 편이 보기에 좋습니다. 따라서 새우의 휘어진 형태를 없애기 위해 배 쪽에 비스듬한 절단면을 몇 군데 넣습니다. 그리고 등을 아래쪽으로 한 상태에서 똑바로 되도록 젖힙니다. 이때 뿌직하는 소리가 나도록 젖히는 것이 포인트입니다.
칠리새우나 새우 마요네즈 등의 요리를 할 때, 소스의 맛이 새우에 잘 배게 하려면 등 쪽에 길쭉한 절단면을 넣습니다. 이렇게 하면 표면적이 늘어나서 속까지 맛이 스며들기 쉽겠지요.

38 새우를 데칠 때에는 레몬을 함께 넣는다

끓는 물에
레몬 슬라이스 2~3장
혹은 레몬즙을 넣고
단시간에 데친다.

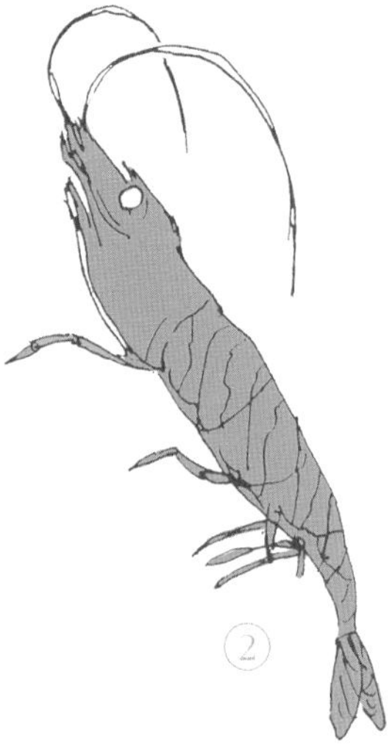

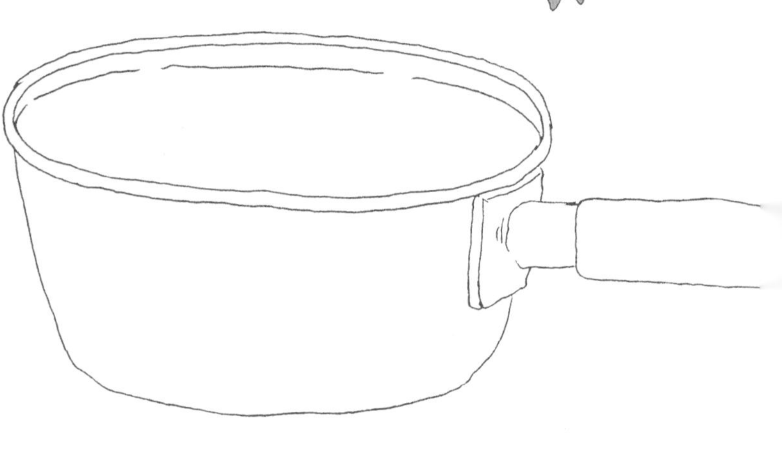

효과

① 맛이 빠져나가는 것을 막는다.
② 냄새를 잡는다.

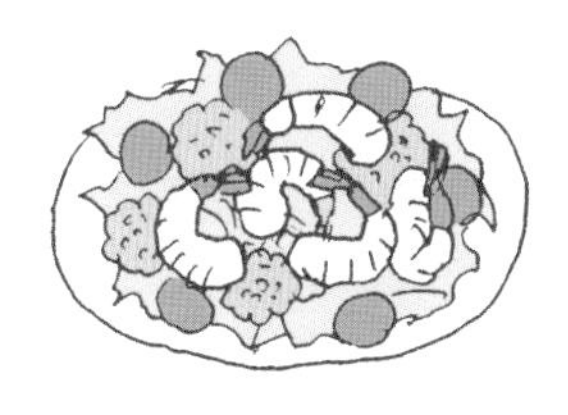

요리 예
새우 샐러드,
쉬림프 칵테일 등

비결 해부

새우의 식감을 탱글탱글하게 내기 위해서는 레몬을 사용합니다. 새우를 데칠 물을 끓인 뒤 레몬즙이나 슬라이스한 레몬 2~3장을 넣으면 됩니다. 레몬에 함유된 산이 새우의 단백질을 단단하게 해 주거든요. 이 산의 작용으로 인해 새우의 표면이 그냥 데칠 때보다 빨리 단단해지는 것입니다. 레몬의 풍미로 비린내를 잡아 주기도 하고요.
단, 긴 시간 데치면 질겨질 수 있으므로 데치는 시간은 몇 초간에서 1분 정도가 기준입니다.

계란에 관한 비결

계란말이, 삶은계란, 오믈렛…….
계란은 날마다 식탁에서 맹활약하는
식재료 중 하나지요.
단순하지만 의외로 어려운
계란 요리를 잘 만들기 위한
비결을 소개합니다.

39 계란은 사용하기 직전에 깨뜨린다

**미리 깨뜨려 두지 않고
사용할 때마다 깨뜨린다.**

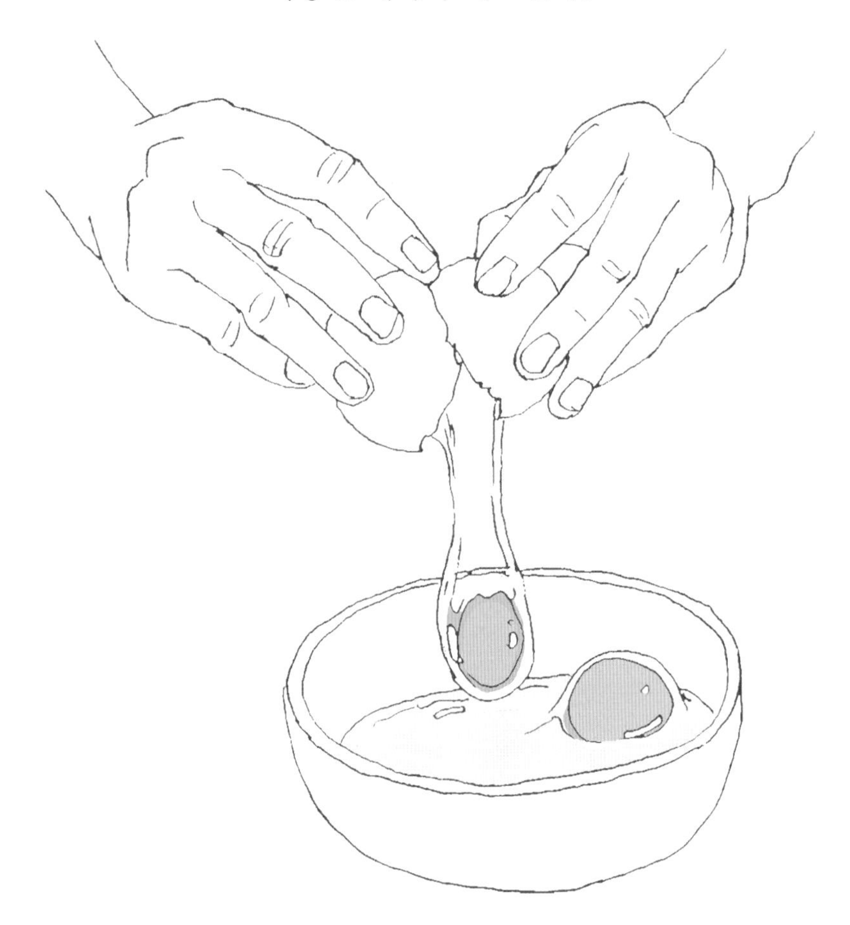

효과

① 세균의 침입을 방지하여 계란의 부패를 막는다.

비결 해부

계란은 껍데기 안에서 기공 호흡을 하는 식재료입니다. 계란의 껍데기에는 큐티클 막이 있어서 호흡을 조절하고, 세균으로부터 내용물을 지키기도 하지요. 이러한 껍데기를 깨면 수분은 증발하고 표면적은 커지기 때문에 세균이 침범하기 쉽게 됩니다. 냄새도 빨아들이게 되고요.
영양이 풍부한 노른자는 특히 세균이 좋아하는 물질입니다. 랩을 씌워서 냉장고에 넣어도 세균은 점점 번식하게 되므로 빠르게 부패하는 것을 막기는 쉽지 않습니다.

40 계란물은 거품이 일지 않도록 한다

거품이 일지 않도록
젓가락을 볼의 바닥 쪽에 붙이고
좌우로 움직이면서 푼다.

효과

① 요리가 깔끔한 모양으로 완성되며 부드럽게 넘어가는 식감도 좋다.

요리 예

오믈렛, 스크램블,
계란을 넣은 덮밥류 등

비결 해부

계란물을 거품이 일도록 젓는 분들이 있지요. 하지만 그렇게 저으면 공기가 들어가 기포가 생기게 됩니다. 그것이 열기를 받아 굳어지면 계란찜이나 계란 두부(타마고 토후, 卵豆腐: 맛국물과 계란을 섞어 두부 모양으로 굳힌 요리) 등의 표면에 귤껍질처럼 잔 기포 자국이 나는 원인이 되지요. 입안으로 부드럽게 넘어가는 식감도 떨어지고요. 따라서 계란물을 섞을 때 가능한 거품이 일지 않도록 젓가락을 볼의 바닥 쪽에 붙여서 좌우로 움직이면서 섞습니다. 흰자를 제대로 풀기 위해서는 젓가락으로 흰자를 들어올리듯이 움직여 주면 좋아요.
노른자와 흰자가 제대로 섞이지 않으면 따로따로 굳어 버리고 마니까 주의해 주세요.

41 지단을 부칠 때에는 기름을 부은 뒤 팬을 한 번 닦아낸다

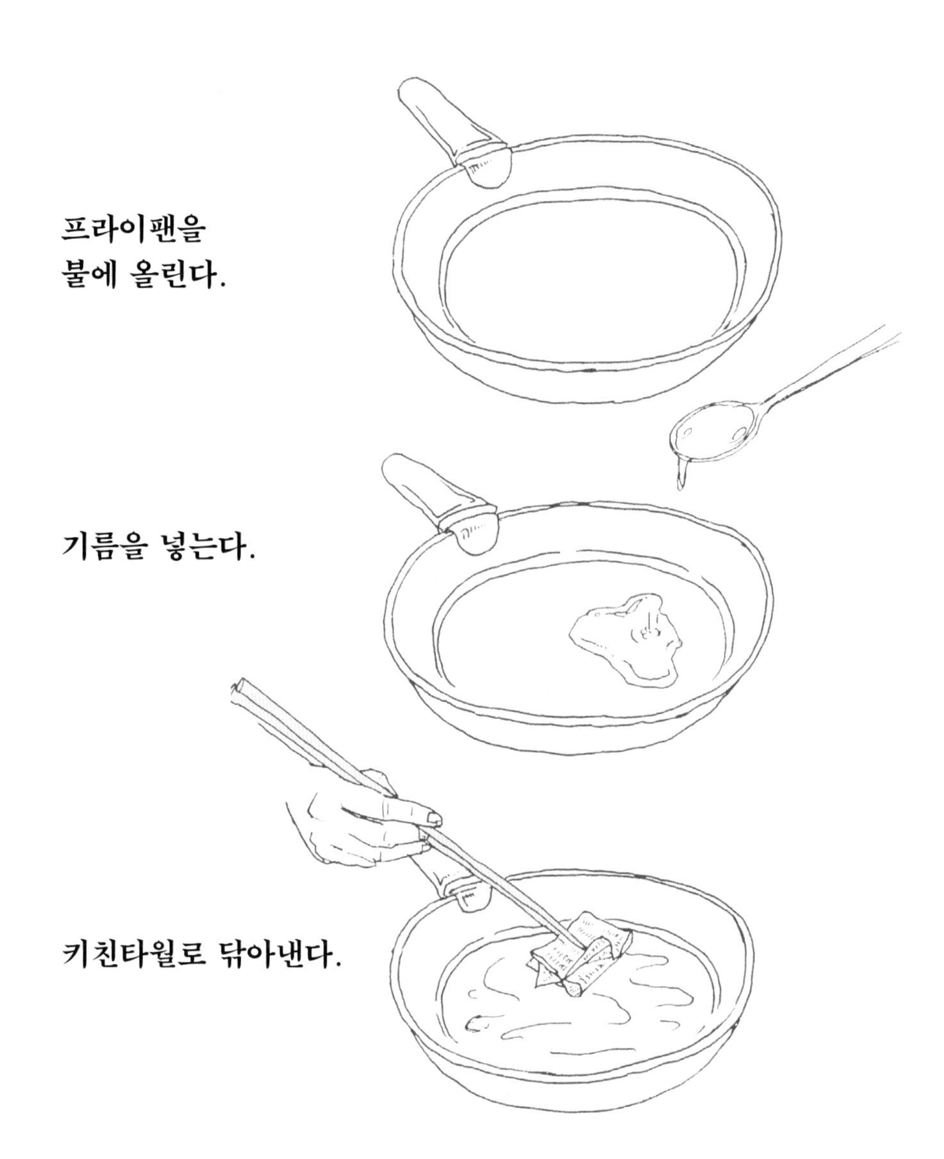

효과

① 전체를 고르게 구워낼 수 있다.

요리 예
계란지단 등

비결 해부

계란지단을 구울 때에는 팬에 기름을 넣은 뒤에 키친타월로 여분의 기름을 살짝 닦아내도록 합니다.
기름을 닦아내지 않고 그대로 구우면 기름이 너무 많아서 우둘투둘하게 부풀어 오르는 부분이 생기거나, 기름기로 질척거리는 원인이 되기도 하기 때문이지요. 혹은 처음부터 기름을 먹은 키친타월을 활용하거나 기름 솔을 사용해도 됩니다. 이렇게 하면 전체를 고르게 구울 수 있습니다. 팬케이크나 크레페를 구울 때에도 위와 같이 하면 깔끔하게 구워진답니다.

42 계란을 완전히 익히지 않는 요리를 할 때에는 불에서 빨리 내린다

효과

① 과하게 응고되는 것을 막는다.

요리 예
스크램블, 오믈렛,
계란프라이

비결 해부

계란의 주성분은 단백질입니다. 따라서 가열하면 응고되지요. 특히 스크램블과 소보로 계란(이리타마고, いり卵: 스크램블보다 작고 다소 단단하게 익힌 계란 요리로 고명 등에 다양하게 쓰임) 등은 과하게 가열하면 수분도 날아가서 질긴 듯한 퍽퍽한 식감이 되어 버립니다.
계란은 열이 전달되기 쉬운 식재료이므로 여열을 이용하도록 하세요. 불을 끄고 여열로 완성하면 부드러운 식감을 낼 수 있습니다. 스크램블은 중불에서 20초 정도 익힌 뒤 저어 주세요. 절반 정도 익으면 불을 끄고 나머지는 여열로 익히는 것이지요. 계란프라이를 반 정도만 익히고 싶을 때에도 빨리 불에서 내리도록 합니다.

43 맛있고 모양도 예쁜 삶은계란을 만들려면?

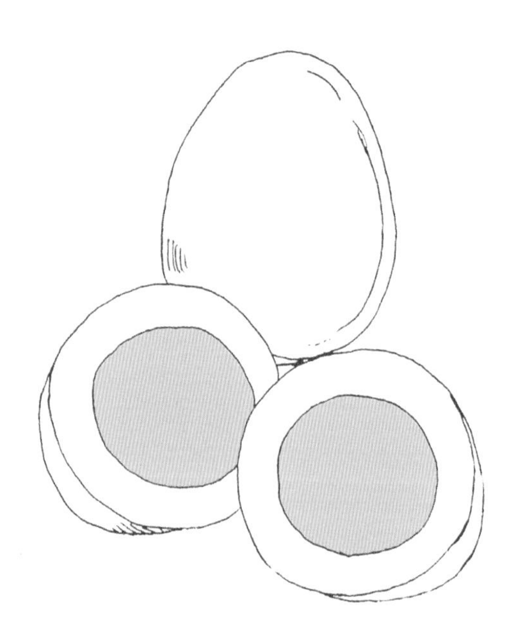

비결 해부

냉장고에서 꺼낸 계란은 우선 상온에 두어 본래의 온도로 되돌려 놓으세요. 그리고 물을 데우기 전부터 함께 넣고 끓여서 급격한 온도 변화에 따라 팽창하는 것을 막도록 합니다. 완숙을 원한다면 물이 끓은 뒤 12~13분, 반숙이라면 3~5분 동안 가열합니다. 가열한 후에는 바로 찬물에 넣어 식히면 노른자 주변이 거무스름한 녹색이 되는 것을 방지할 뿐 아니라 껍질과 흰자 사이에 틈이 생겨 벗기기도 쉬워집니다.

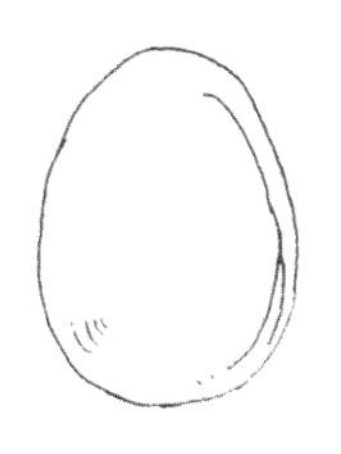

① 냉장고에서 꺼내 두어
계란을 상온의 온도로
되돌린다.

효과

깨지는 것을 막는다.

② 계란 삶는 물에
소금이나 식초를 넣는다.

효과

껍질에 금이 갔을 때 흰자가
흘러나오는 것을 막는다.

③ 물이 끓을 때까지
계란을 계속 굴린다.

효과

노른자가 중앙에 온다.

④ 물에 넣어서 껍질을 벗긴다.

효과

껍질을 벗기기 쉬워진다.
노른자가 거무스름해지는
것을 막는다.

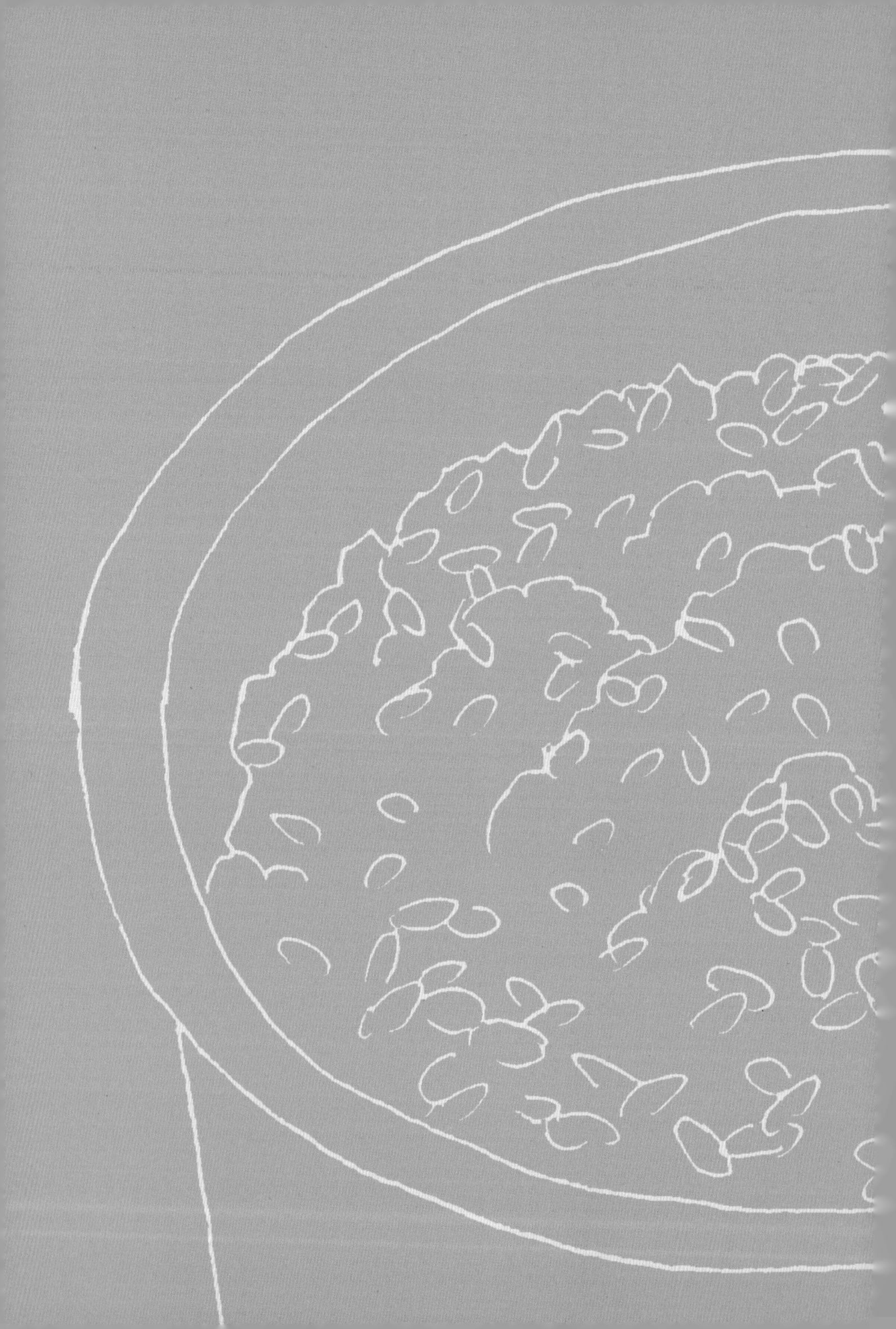

밥, 빵, 면류에 관한 비결

밥, 파스타, 샌드위치…….
이런 메뉴가 맛이 없다면
'주식'이라는 것을 제대로 챙길 수가 없겠지요.
기본적이지만 잊기 쉬운,
밥과 빵, 면류에 관한 비결을 소개합니다.

44 쌀은 가급적 재빨리 씻는다

① 먼저 충분한 물에서
2~3회 섞듯이 씻는다.

② 곧바로 물을 버린다.

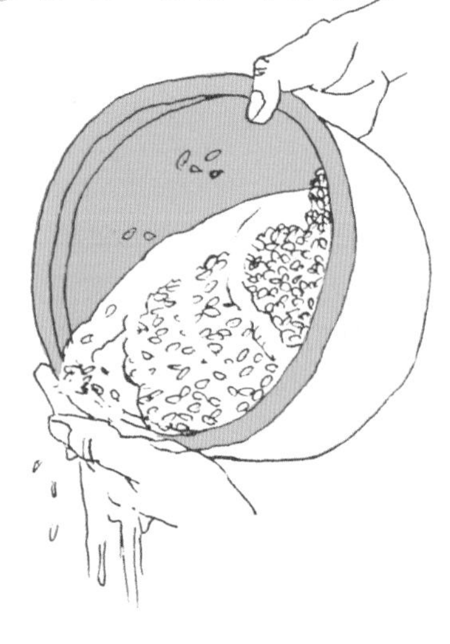

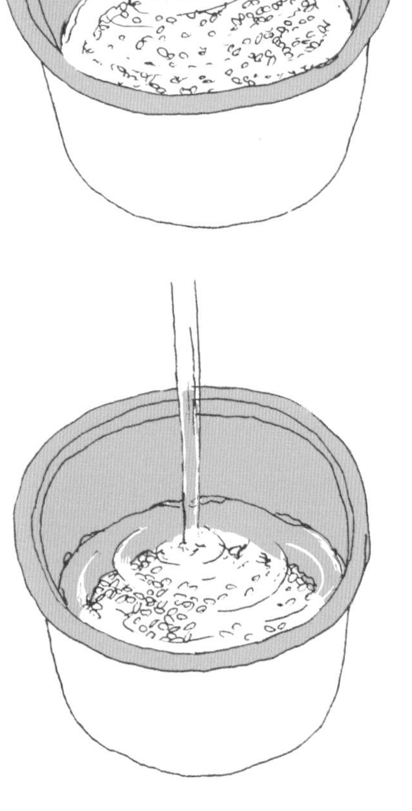

③ 물을 새로 받아서
2~3회 씻는다.

효과

① 쌀겨 냄새가 나는 것을 막는다.

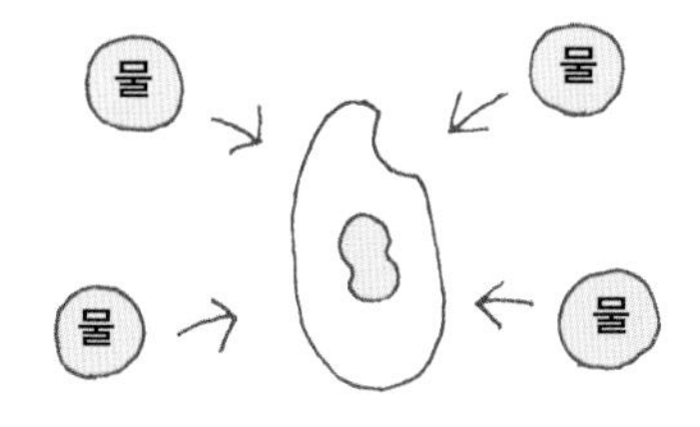

비결 해부

쌀은 수분 15%를 함유한 건조식품입니다. 따라서 물을 넣으면 힘껏 흡수하지요. 그와 동시에 쌀 표면의 쌀겨도 물에 녹아나므로 쌀겨에서 나는 냄새도 흡수하게 됩니다.
이를 막기 위해서는 먼저 충분한 물로 2~3회 훽훽 휘저어 씻은 뒤에 바로 쌀겨 냄새가 밴 물을 버려야 합니다.
투명해질 때까지 씻을 필요는 없습니다. 2~3회 씻으면 충분합니다. 과하게 씻으면 전분 성분이 빠져나오거든요. 힘을 가해서 씻다가 쌀알이 많이 으스러지면 쌀 속의 여러 성분이 빠져나와 밥을 지었을 때 끈적끈적해질 수도 있으니 주의하세요.

45 밥은 뜸 들인 직후에 주걱으로 섞는다

10~15분 뜸을 들였으면
살살 섞는다.

효과

① 여분의 수분을 날려서 질감을 좋게 한다.

밥을 지은 후에
시간이 지나서 섞으면
밥알이 으스러져 버리는
경우가 있다.

비결 해부

밥은 다 지어진 뒤에 바로 뚜껑을 열지 않고 10~15분 정도 뜸을 들입니다. 밥을 지은 직후에는 수분이 증발하기 쉬우니까요.
뜸을 들이면 밥알의 맨 안쪽까지 수분이 골고루 미치고, 전분이 호화(전분이 수분을 흡수하면서 점도가 상승하고 투명도와 맛이 증가하는 현상)하여 탄력 있고 보기 좋게 완성됩니다.
다만 뜸을 들이는 시간이 너무 길거나 뜸을 들인 뒤 주걱으로 세게 섞으면 증발하지 못하고 남은 수분이 밥알의 표면에 달라붙으니 주의하세요. 이렇게 되면 밥알끼리의 접착력이 강해져서 섞기 힘들어집니다. 이 상태에서 힘을 넣어 섞다 보면 밥알이 으스러지면서 끈적끈적한 상태가 됩니다.

46 초밥용 밥을 만들 때 식초를 넣는 타이밍

효과

① 맛이 잘 스며든다.

② 윤기가 난다.

주걱을 세워서
세로로 가르듯이 섞는다.
맛있는 초밥용 밥은 윤기가
흐르는 모습을 하고 있다.

비결 해부

초밥용 밥을 만들 때에는 밥이 지어진 후에 초밥통에 담고 뜨거울 때 식초를 넣어서 골고루 섞어 줍니다. 온도가 낮아지면 맛이 침투하기 어려워지니까요. 밥이 식은 뒤에 이 과정을 거치면 수분이 표면에 남아서 질척거리는 상태로 완성됩니다.
밥알이 으스러지면 점성이 나오므로 섞을 때에는 주걱을 세워서 세로로 싹싹 가르는 느낌으로 해 주세요. 이때 부채질을 하면 표면의 수분이 날아가고 윤기가 납니다. 온도가 사람의 피부 정도까지 내려가면 건조되지 않도록 젖은 행주를 덮어 두도록 합니다.

47 빵이나 케이크를 깔끔하게 자르는 방법

① 나이프를 따듯한 물에 담가 따듯하게 데운다.

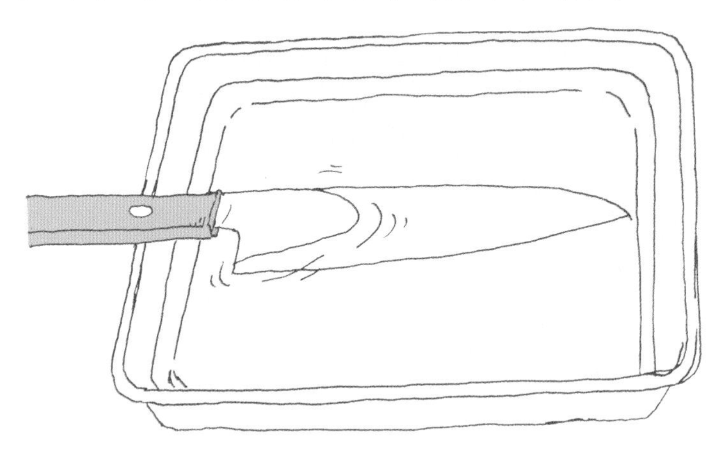

② 나이프를 닦은 뒤에 자른다.

③ 한 번 자른 뒤마다 다시 나이프를 닦는다.

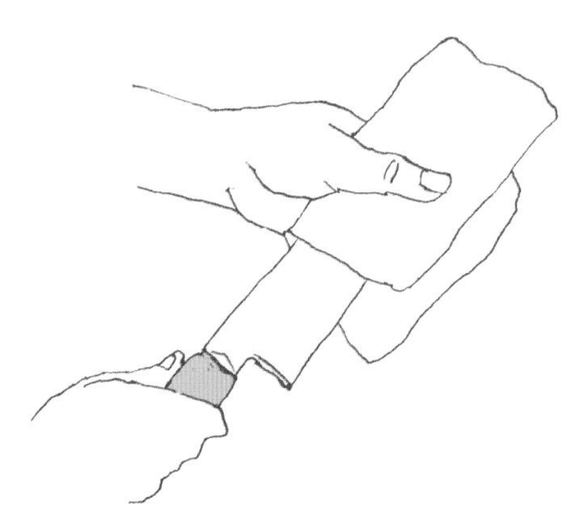

효과

① 깔끔하게 잘린다.

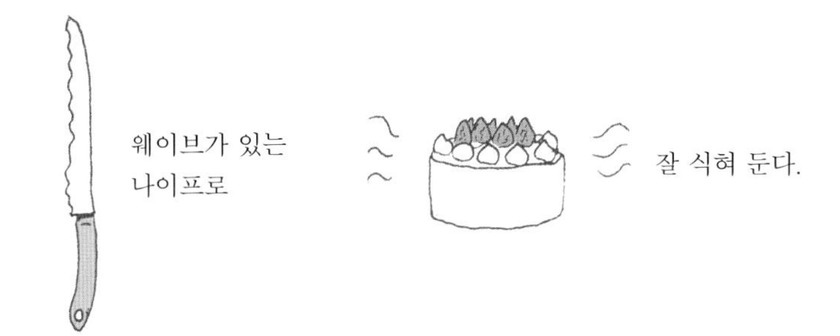

비결 해부

빵과 케이크를 자를 때에는 빵 칼이나 웨이브가 있는 나이프를 이용하면 좋습니다. 케이크를 자를 때에는 나이프를 45℃의 따듯한 물에 30초 정도 담가 데워 주세요. 한 조각을 자른 뒤에는 나이프에 묻은 크림을 행주나 키친타월로 닦고 다시 따듯한 물에 담갔다가 꺼내 쓰는 과정을 반복하면 됩니다.
빵은 굽자마자 자르는 것보다 조금 식힌 뒤가, 케이크는 제대로 식혀 둔 쪽이 자르기 쉽습니다. 이때 케이크는 냉장고에 넣어서 스펀지 빵과 크림이 잘 융화된 상태로 두도록 하세요.

48 샌드위치를 만들 때에는 빵 한쪽 면에 버터를 바른다

한쪽 면에 골고루 바른다.

효과

① 빵이 수분을 흡수하는 것을 막는다.

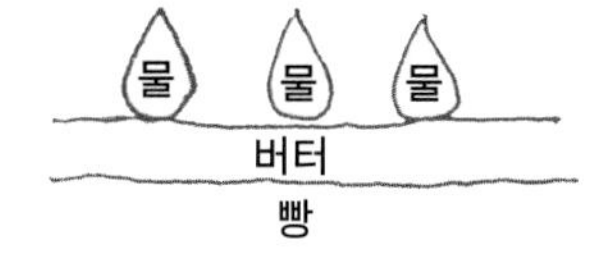

버터의 기름막이
수분 흡수를 막아 준다.

비결 해부

샌드위치를 만들고 나서 시간이 지나도 맛있게 먹을 수 있는 것은 버터 덕분입니다.
샌드위치의 재료에는 양상추, 토마토, 오이, 귤, 복숭아 등 다량의 수분을 머금은 것들이 많고 소스와 생크림도 있지요. 그러나 버터를 빵 한 면 전체에 발라서 기름막을 만들면 빵이 수분을 빨아들이지 않게 됩니다. 따라서 재료와 빵이 접촉하는 면이 질척질척해지지 않지요.
또한 버터는 빵의 풍미와 맛을 끌어올려 주고 속재료를 빵에 잘 붙게 하는 역할도 맡고 있답니다.

49 파스타를 삶을 때에는 소금을 넣는다

① 물 2L에
밥숟가락 듬뿍(20g)

② 물이 끓으면
파스타를 넣는다.

효과

① 면에 간이 배고, 탄력 있게 삶아진다.

요리 예

스파게티, 나폴리탄

비결 해부

파스타는 면 무게의 10배의 물을 끓여서 삶습니다. 이때 0.5~1%의 소금을 넣는 것이 포인트가 됩니다. 물의 양이 1L라면 5~10g, 물이 2L라면 10~20g의 소금을 넣지요. 이렇게 하면 파스타에 간이 배고 탄력 있는 상태로 삶아낼 수 있습니다.

또한 파스타의 원료인 밀가루에 포함되어 있는 포도당과 아미노산, 무기질이 소금과 만나면 풍미를 더하여 한층 맛있게 느끼도록 하는 역할도 한답니다.

50 파스타를 삶는 시간은 표준보다 약간 짧게

예를 들어
삶는 시간이
11분으로
지정된 경우

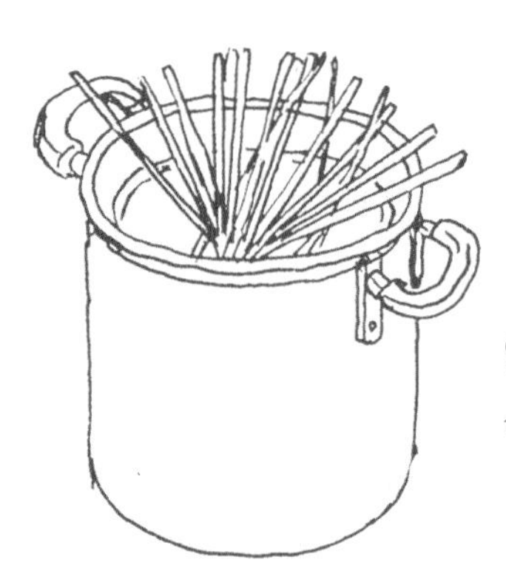

9~10분간
삶아서

1~2분을 더해
마무리

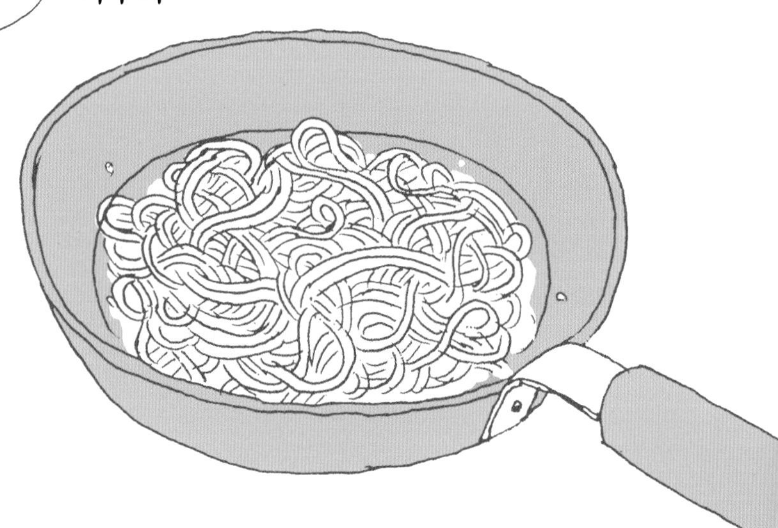

효과

① 파스타를 먹을 때 면의 익힘 정도가 알맞은 상태로 된다.

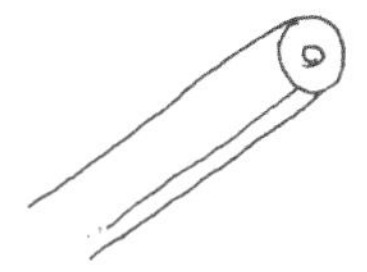

심이 약간 남아 있는
알덴테 상태가 이상적이다.

비결 해부

파스타의 맛을 결정하는 것은 중심부에 심이 약간 남아 있는 알덴테 상태의 삶은 정도라는 말이 있습니다. 면을 너무 익히면 파스타의 특징인 탄력을 잃어버리고 마니까요.
파스타는 삶은 뒤에 물에 헹구지 않고 그대로 두면 수분이 점점 면의 안쪽으로 스며들어서 부드럽게 됩니다. 여기에 소스와 섞고 간을 하며 볶는 것도 고려해서 삶는 시간은 표준 조리법에 제시된 것보다 다소 짧게 하는 편이 좋습니다. 단, 펜네와 같은 숏 파스타는 조리법의 시간대로 삶아 주세요.

51 파스타와 소스의 궁합은?

비결 해부

파스타와 소스의 궁합을 결정하는 것은 파스타의 모양과 소스의 점도입니다. 카펠리니처럼 얇은 파스타는 소스가 지나치게 스며들면 꾸덕꾸덕해집니다. 따라서 산뜻한 올리브오일이나 해산물 기반의 소스가 어울립니다.
반대로 넓은 모양의 라자냐에는 맛이 진한 미트소스가 잘 맞습니다. 페투치네는 치즈나 화이트소스 등의 점도가 높은 소스가 좋고요. 나선형을 띤 푸실리는 재료가 잘 섞여 들므로 자잘한 재료가 든 소스나 샐러드와 어울립니다.

숏 파스타	
오르조   궁합이 좋은 것: 스프, 미네스트로네, 야채가 들어 있는 크림소스	**마카로니**  궁합이 좋은 것: 샐러드, 치즈, 오일베이스소스, 버터, 토마토, 야채
푸실리 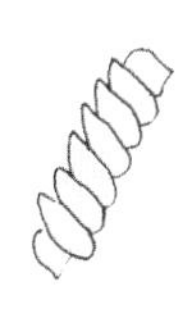 궁합이 좋은 것: 파스타 샐러드, 산뜻한 계열의 토마토소스, 크림소스, 까르보나라	**리가토니** 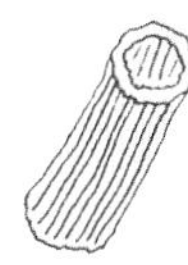  궁합이 좋은 것: 고기와 야채, 소시지가 든 스프, 오븐에 굽는 파스타 요리
쿠스쿠스 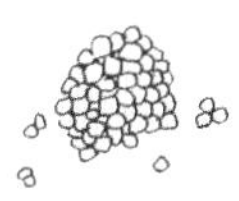 궁합이 좋은 것: 쿠스쿠스, 샐러드, 카레, 스프와 같은 스타일의 묽은 카레	**펜네** 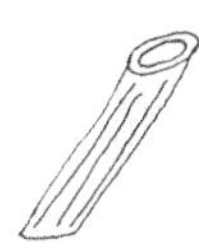 궁합이 좋은 것: 생토마토와 야채를 사용한 소스, 스파이시한 소스

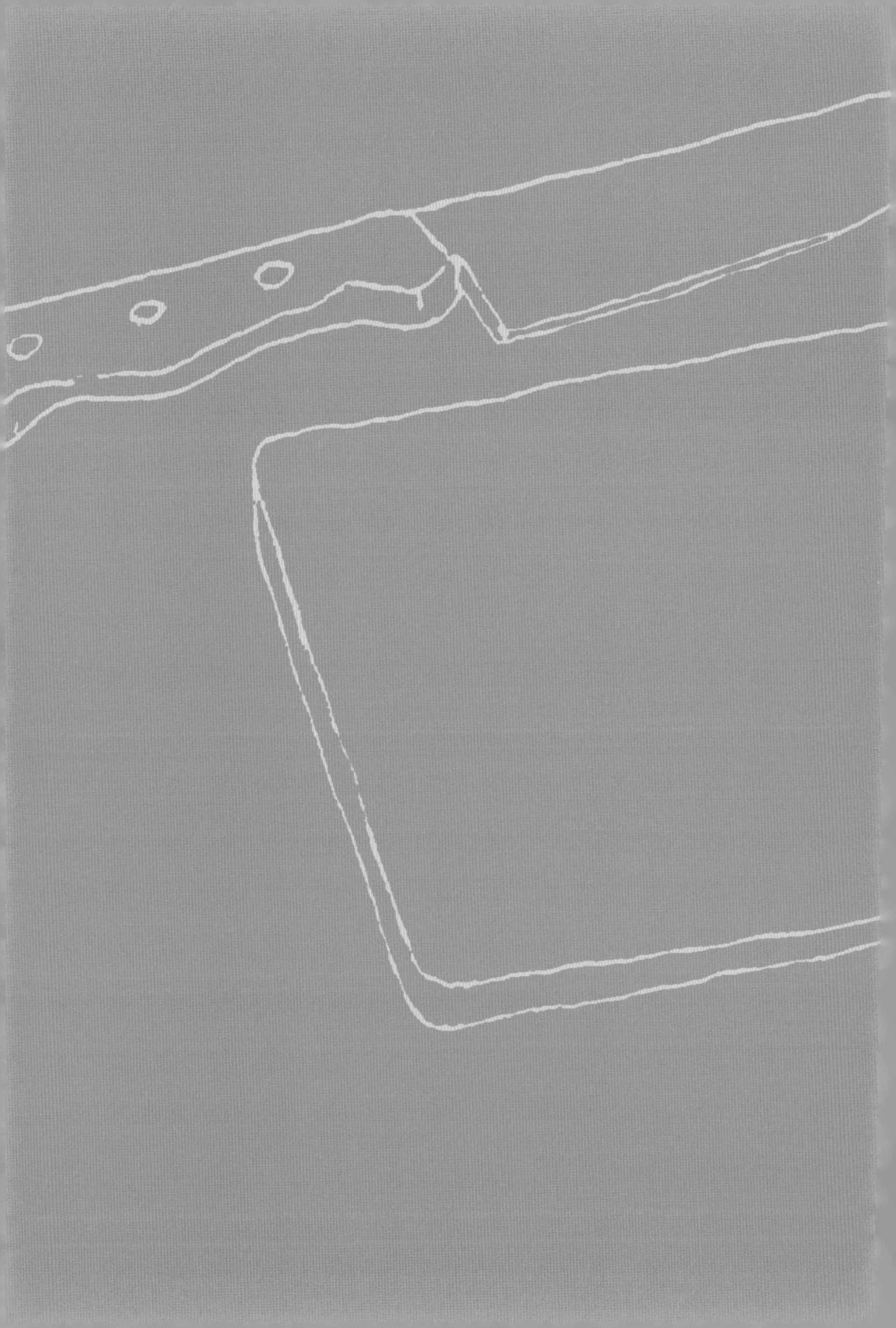

밑준비에 관한 비결

요리의 토대가 되는 밑준비.
사실 이 밑준비가 양념이나 가열 이상으로
요리를 좌우하는 경우도 있지요.
중요하지만 무심코 놓쳐 버리기 쉬운
요리의 밑준비에 관한 비결을 소개합니다.

52 재료를 자를 때에는 균일한 크기로

자르기 전에 기준을 정해 두고 균등하게 자른다.

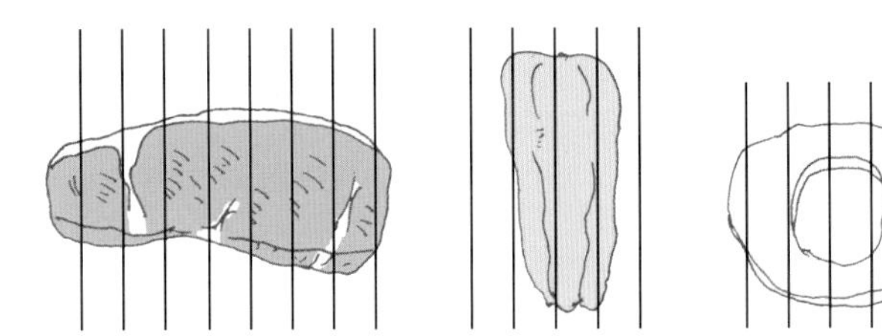

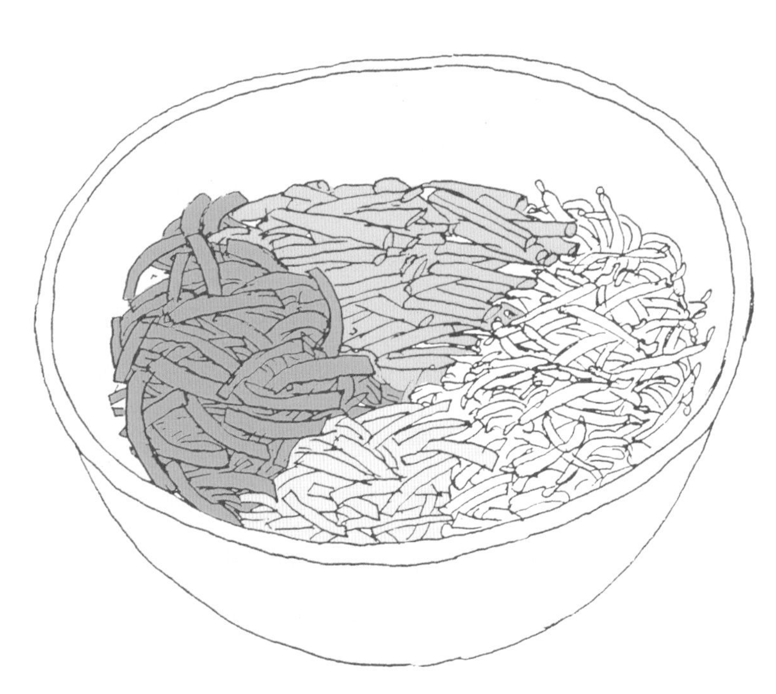

효과

① 익혔을 때 균등한 맛이 난다.
② 요리가 보기 좋은 모습으로 완성된다.

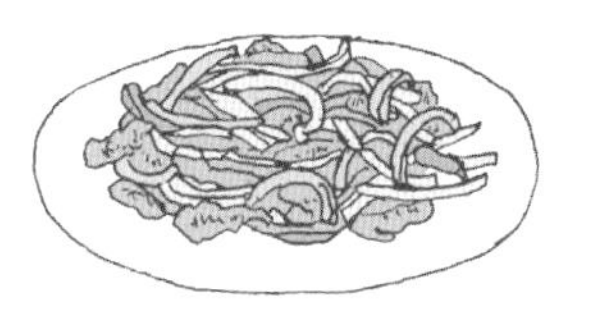

요리 예
각종 야채볶음과
조림 등

비결 해부

볶음이나 조림 요리 등의 재료를 자를 때에는 모양과 크기가 균일하게 되도록 잘라 주세요. 재료의 크기가 가지런하게 맞추어지지 않으면 익는 정도나 맛이 드는 정도에 편차가 나 버리기 때문입니다. 특히 야채볶음처럼 짧은 시간 안에 가열하는 요리는 균일하게 잘라 두는 편이 좋아요. 재료를 대충 자르기 시작하면 결과적으로 재료의 모양과 크기가 제각각이 되어 버리므로, 재료를 자를 때에는 미리 어떻게 등분할 것인지 기준을 두고 자르도록 하면 좋겠지요. 또한 재료의 크기가 균일해지면 요리도 보기 좋은 모습으로 완성됩니다.

53 불규칙하게 써는 것에 적합한 식재료

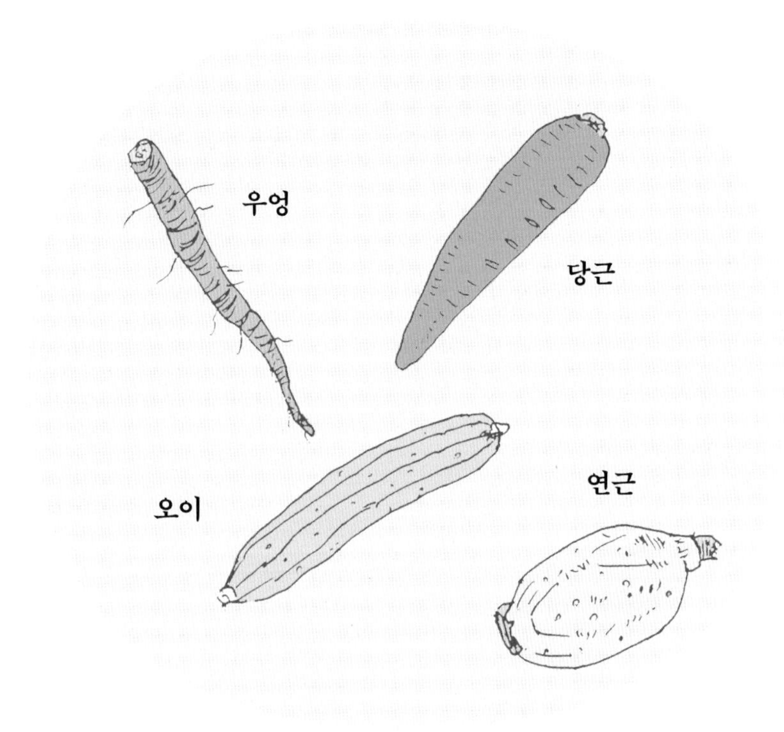

불규칙하게 썰기

재료를 돌려가면서 썬다.

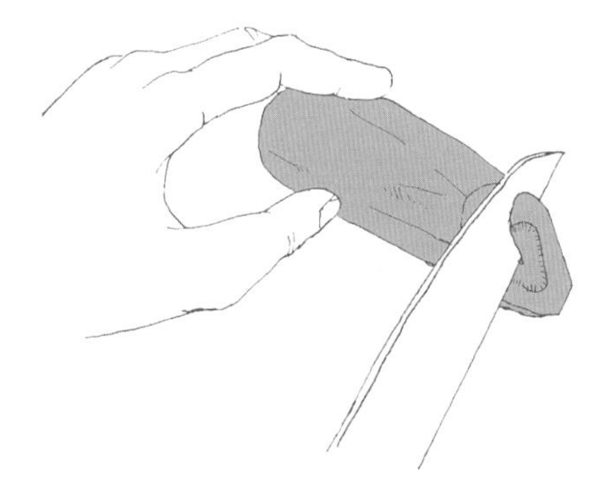

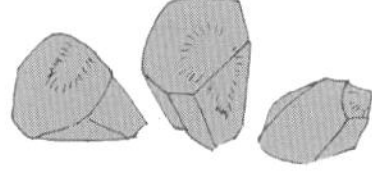

효과

① 맛이 쉽게 배어든다.

② 익는 속도가 빨라진다.

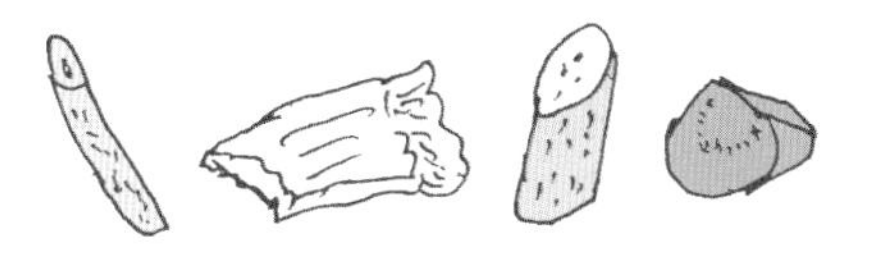

표면적이 커질수록
맛이 배기 쉽다.

비결 해부

맛이 쉽게 배기 힘든 가지, 당근, 연근 등의 식재료는 재료를 회전시키면서 불규칙한 모양으로 써는 편이 좋습니다. 이렇게 자르면 절단면이 증가하면서 표면적이 늘어나기 때문이지요. 이로 인해 재료가 빨리 익으면서 양념의 맛이 잘 스며들게 됩니다.
포인트는 적정한 모양이 잡히도록 재료를 회전시키면서 자르는 것입니다. 익숙해지기 전에는 어렵게 느껴지는 방법이지요. 하지만 이러한 형태로 자르는 것을 통해 익히는 시간과 재료 간 맛의 편차를 줄이고, 요리를 보기 좋은 모습으로 완성할 수 있습니다.

54 양파를 자를 때 눈물이 나지 않게 하는 방법

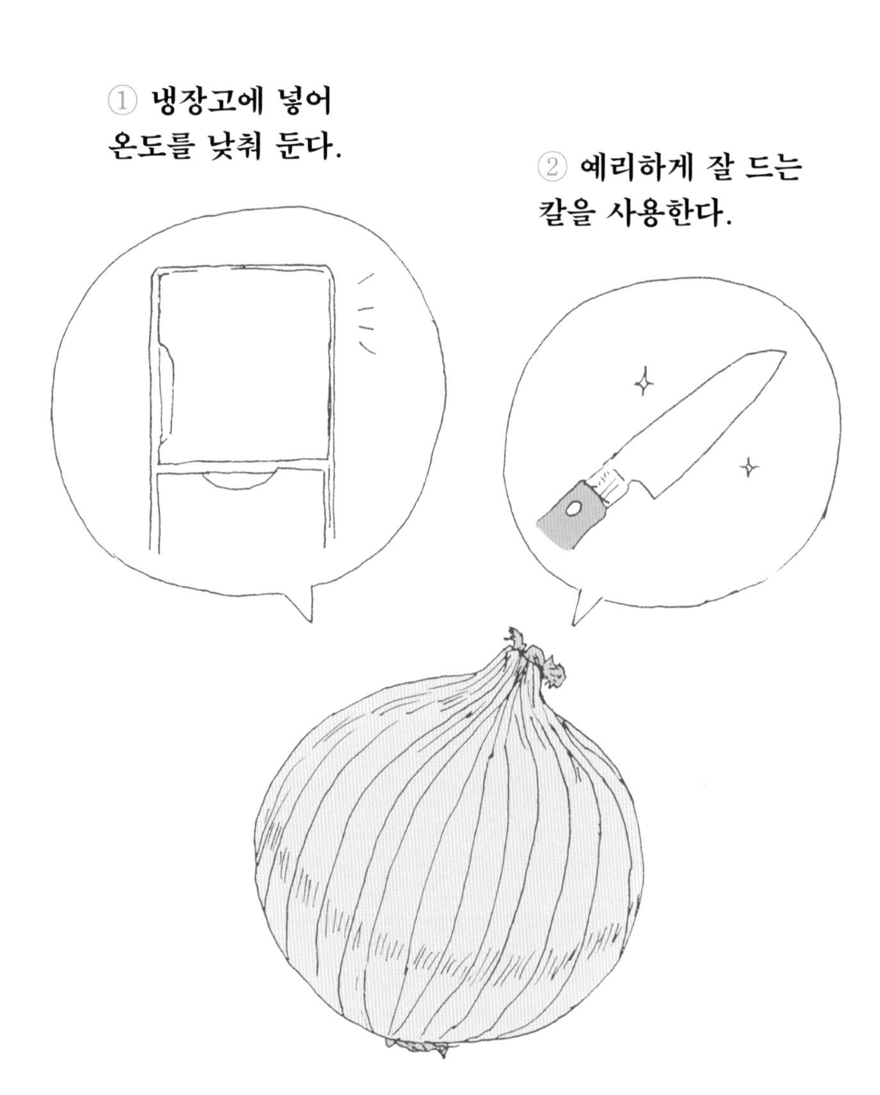

효과

① 눈물이 나는 것을 막는다.

티슈와 안경 등도 유용

비결 해부

양파를 썰 때 눈물이 나오는 것은 세포가 파괴될 때 나오는 황화아릴이라는 성분 때문입니다. 이 성분이 상온에서 휘발되어 코로 들어가므로 눈물이 나는 것이지요.
이를 방지하기 위해서는 먼저 황화아릴을 생성하는 효소반응을 지연시키기 위해 양파를 냉장고에 넣어서 온도를 낮추도록 합니다. 또한 되도록 세포를 손상시키지 않도록 예리하게 잘 드는 칼을 사용해 주세요.
참고로 황화아릴은 비타민 B1이 체내에서 효율적으로 사용하도록 돕는 성분이기도 합니다.

55 토막을 낸 고기나 생선은 물에 씻지 않는다

씻는 대신
가열하는 것으로
미생물을 제거한다.

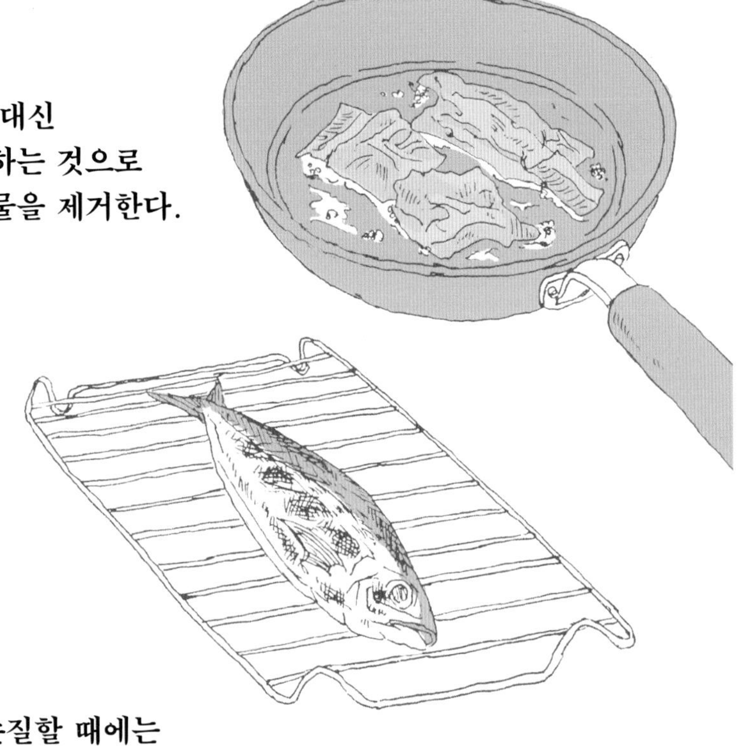

생선을
직접 손질할 때에는
토막 내기 전에
물에 씻고,
조리 기구는
청결하게 유지한다.

효과

① 맛있는 성분이 물에 녹아서 빠져나가는 것을 막는다.

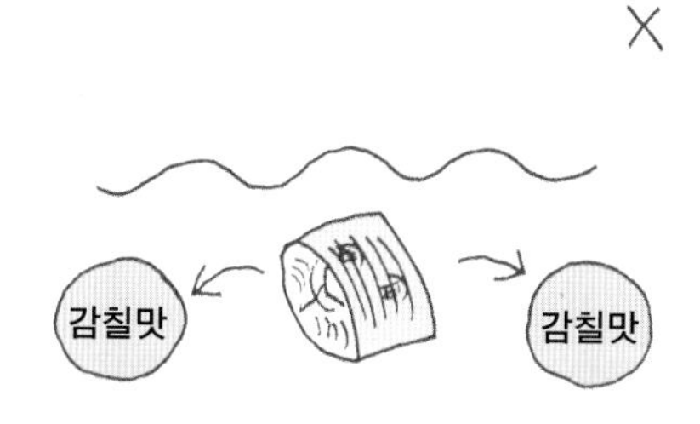

비결 해부

표면이 부드럽고 요철이 많은 고기나 생선의 토막을 씻으면 살이 뭉그러지거나 변형되기 쉽습니다. 게다가 이러한 식재료에 포함되어 있는 이노신산 등의 감칠맛이 나는 성분이 물에 녹아내리기 쉬워서 맛도 떨어지고요. 생선을 토막 내어 손질하는 경우에는 내장이 들어 있던 부분, 특히 뼈 주위의 부분을 잘 씻도록 합니다. 피를 잘 씻어내는 것으로 생선 비린내도 잡을 수 있습니다. 피나 여분의 수분이 걱정될 때에는 키친타월로 살짝 닦아내 주세요.

56 다시마 국물은 오래 끓이지 않는다

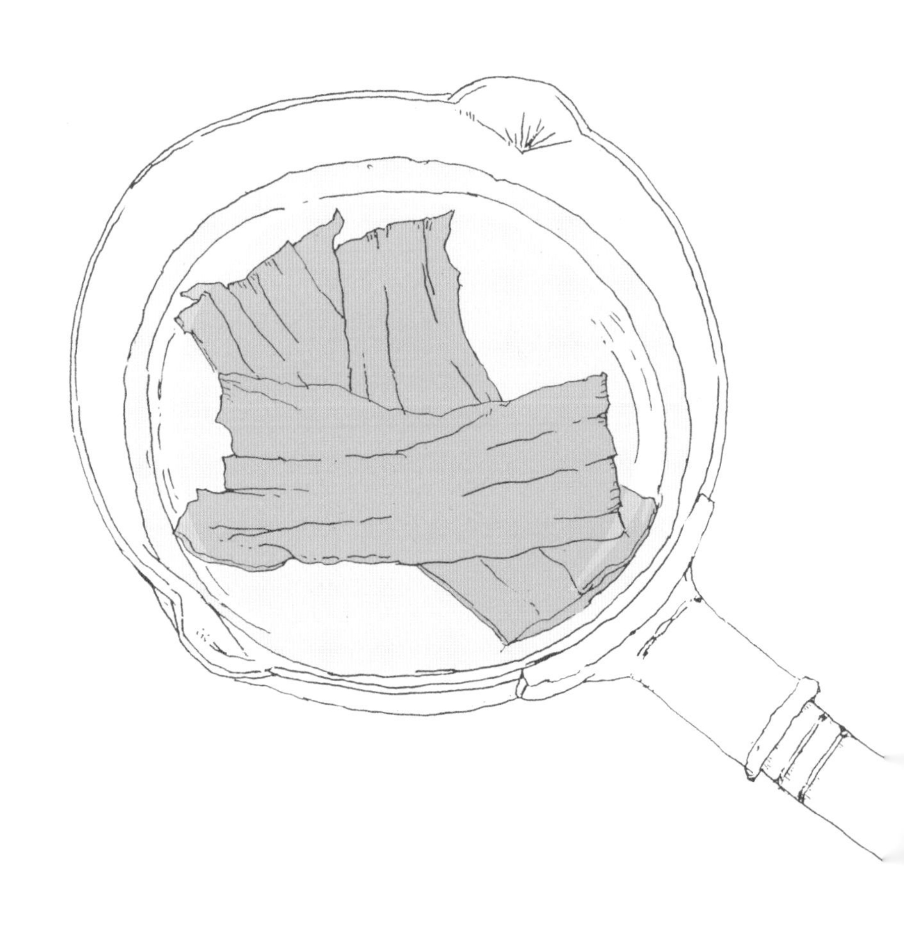

효과

① 불필요한 성분(점액질)이 녹아 나오는 것을 막고, 감칠맛 성분만을 우려낸다.

요리 예

각종 국과 찌개 등

비결 해부

다시마는 세포 조직이 강하지 않기 때문에 열을 가해 세포가 손상되면 점액 성분의 알긴산과 특유의 냄새, 요오드, 색소까지 녹아 나옵니다. 그러므로 오래 끓이는 것은 삼가세요. 국물 맛을 낼 때에는 다시마를 처음부터 물에 넣어서 불에 올린 뒤 물이 끓어오르기 전에 다시마를 건져 올리도록 합니다. 이렇게 하면 감칠맛 성분인 글루타민산이나 마니트(Mannit) 등을 우려낼 수 있습니다.

또한 이러한 맛 성분은 불을 사용하지 않고 물에 30~60분 정도 담가 두는 것만으로도 충분히 녹여낼 수 있습니다. 물은 경수(센물)보다 연수(단물) 쪽이 좋습니다. 일반 가정의 수돗물은 다시 육수를 내는 데 적합한 물입니다.

57 가츠오부시 육수를 낼 때에는 과하게 가열하지 않도록 주의한다

① **물이 팔팔 끓기 전에 가츠오부시를 넣는다.**

1L당 2~4%

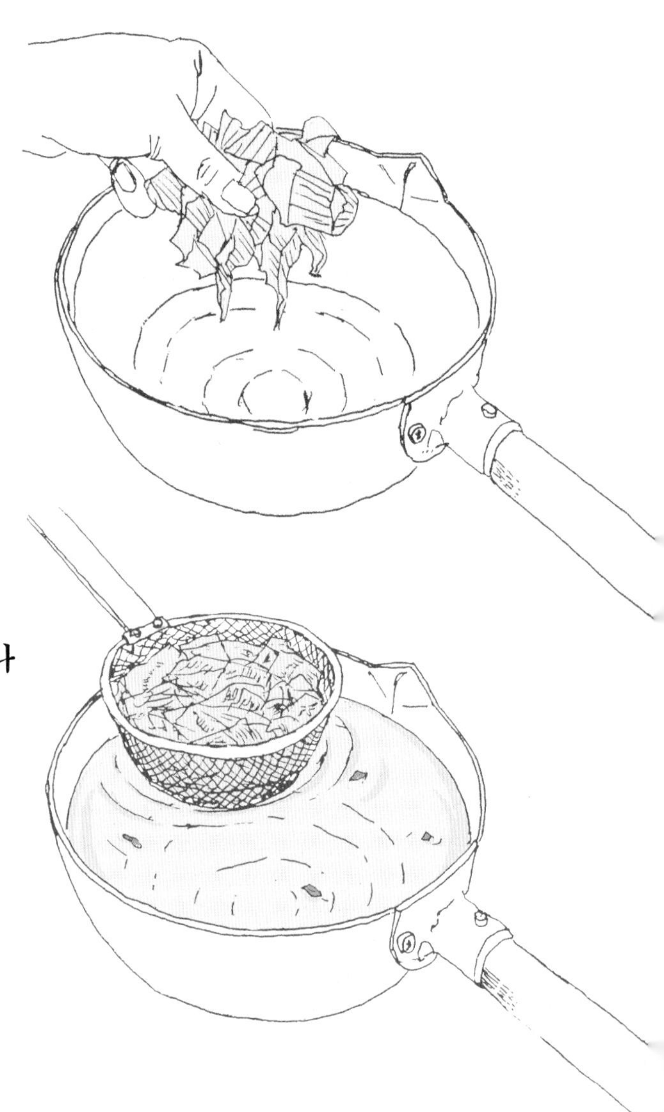

② **바로 건지거나 가스 불을 꺼서 가츠오부시가 가라앉으면 건져낸다.**

효과

① 비린내와 신맛, 떫은맛 등이 녹아 나오는 것을 막고 감칠맛만 추출해 낼 수 있다.

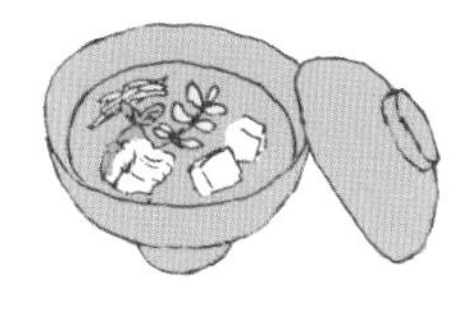

요리 예

일본풍의 각종 국물 요리 등

비결 해부

가츠오부시 육수의 맛성분인 이노신산(Inosinic acid), 히스티딘(Histidine) 등은 뜨거운 물에 쉽게 녹아 나옵니다. 따라서 팔팔 끓기 직전의 물에 2~4% 정도의 가츠오부시를 넣고 끓기 시작하면 불을 꺼 주세요. 이때 생선 비린내와 잡내의 원인이 되는 피페리딘(Piperidines), 트리메틸아민(Trimethylamine)까지 녹아 나올 수 있으므로 가츠오부시가 가라앉으면 바로 건져 올려 주세요.

가츠오부시 육수는 맛뿐만 아니라 짙은 향도 특징이지요. 향은 휘발성이므로 이를 살리기 위해서도 장시간 가열은 삼가는 것이 좋습니다.

58 볶음밥과 볶음면을 질척거리지 않게 하는 방법

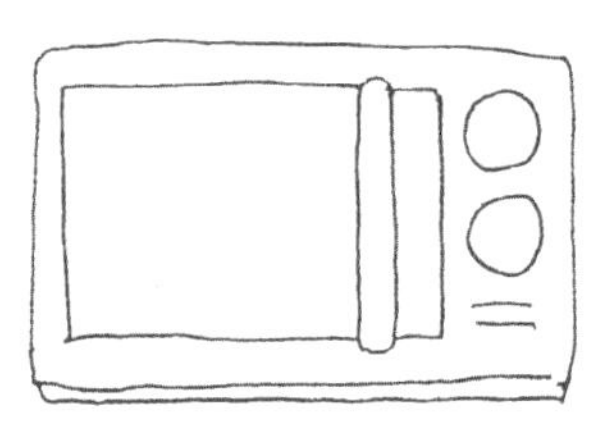

① 밥(고슬고슬하게 지은 밥이나 찬밥)이나 면을 전자레인지에 데워서 수분을 날린다.

② 기름을 제대로 사용한다.

'볶음밥의 경우' 밥의 5%
'볶음면의 경우' 팬 위에서 뭉쳐 있는 면을 풀 때 물이 아니라 술을 끼얹는다.

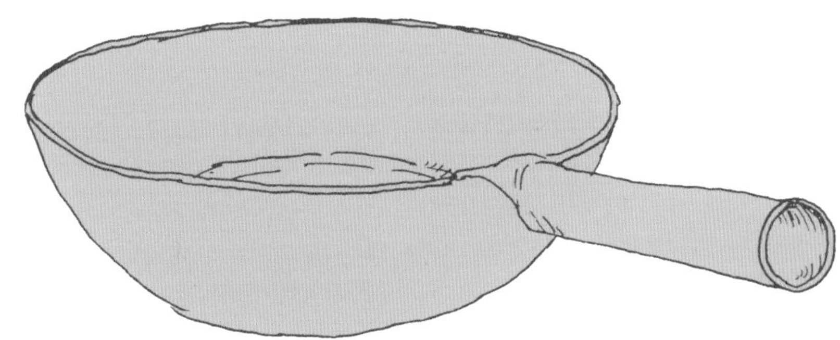

효과

① 밥이나 면의 수분을 적게 한다.

기름은 넉넉하게
수분은 적게 하는 것이 중요

비결 해부

볶음 요리의 포인트는 수분의 양과 기름의 양입니다. 밥은 고슬고슬하게 지은 밥이나 찬밥을 사용해 주세요. 찬밥도, 면도 전자레인지에 데워서 수분을 날려 두면 좋습니다. 밥에 미리 계란물을 섞어 두었다가 볶으면 쌀알이 계란으로 코팅되어서 쌀알의 식감이 살아 있는 볶음밥을 완성할 수 있습니다. 이 경우에는 쌀알이 서로 달라붙지 않도록 기름을 약간 넉넉하게 사용해 주세요.
또한 알코올 성분이 물보다 증발하기 쉬우므로 팬 위에서 한데 뭉쳐 있는 면을 풀 때에는 물이 아니라 술을 사용하는 편이 좋습니다. 이렇게 하면 물기로 질척이는 것을 막을 뿐 아니라 감칠맛도 첨가됩니다.

59 무를 두툼하게 썰어 요리할 때에는 아랫면에 십자 모양 칼집을 낸다

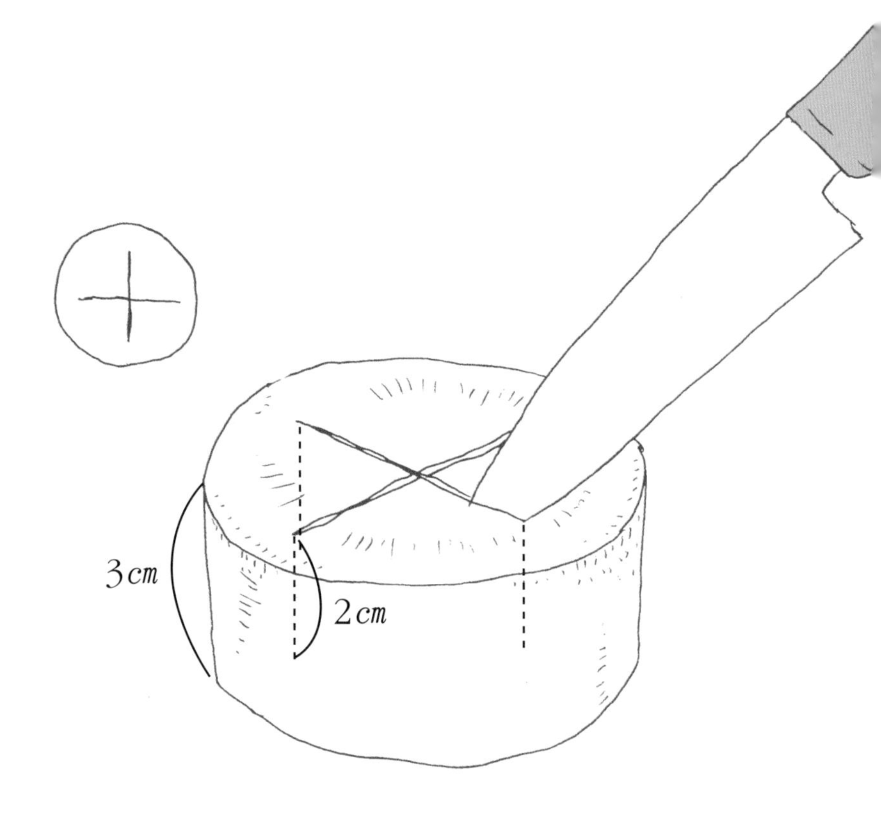

칼집을 넣은 면이 냄비의 바닥을 향하게 한다.

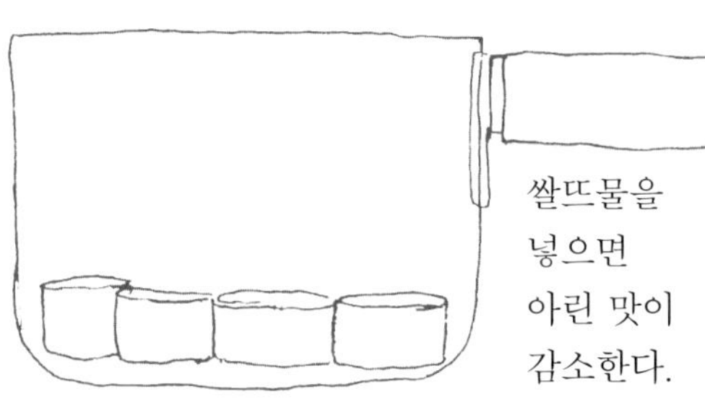

쌀뜨물을 넣으면 아린 맛이 감소한다.

효과

① 무가 쉽게 익고 맛도 잘 배어든다.

요리 예
생선무조림,
어묵탕 등

비결 해부

생선조림을 요리할 때처럼 무를 두툼하게 썰어서 익힐 때에는 단면에 열십자 모양의 칼집을 내도록 합니다. 그리고 칼집을 낸 면은 냄비의 바닥 쪽을 향하게 해 주세요. 이것을 가쿠시 보우쵸(隠し包丁: '숨기다'라는 말과 '식칼'이라는 말이 결합한 단어로 완성된 요리에서는 눈에 띄지 않는 곳에 칼집을 넣어 두어 요리의 효율성을 높이는 방법을 일컫는 말)라고 합니다.
절단면의 깊이는 무의 두께의 2/3 정도면 됩니다. 3cm로 썬 무라면 2cm 정도의 깊이까지 절단면을 넣으면 좋습니다.
이렇게 하면 무의 속까지 빨리 익고 맛도 쉽게 스며들기 때문에 오래 익혀서 형태가 뭉그러지는 것을 막을 수 있겠지요.
무를 익힐 때 쌀이나 쌀뜨물을 첨가하면 전분이 아린 맛이 나는 성분을 흡착해 주는 역할을 합니다.

60 우엉과 연근을 자르면 식초를 넣은 물에 넣는다

물 1L에 밥숟가락으로
2순가락 정도의 식초를 넣는다.

효과

① 변색을 막는다.

요리 예

연근과 우엉을 이용한
조림, 샐러드 등

비결 해부

우엉의 클로로겐산(Chlorogenic Acids)과 연근의 탄닌(Tannin)은 공기에 닿으면 산화효소에 의해 산화됩니다. 따라서 자른 채로 두면 단면이 갈색으로 변색하고 말지요. 이러한 산화효소의 작용을 막기 위해 물에 담가 주세요.

또한 연근에 함유된 플라본계의 색소는 산성에서 하얗게 변색하기 때문에 이때에는 물에 식초를 더해 주면 좋습니다. 식초의 양은 3~5%. 물이 1L라면 밥숟가락으로 2숟가락 정도면 됩니다. 이렇게 하면 연근이나 우엉 요리를 하얗게 마무리할 수 있습니다.

61 샌드위치에 넣을 야채는 키친타월로 수분을 제거한다

15~20분 정도 놓아 둔다.

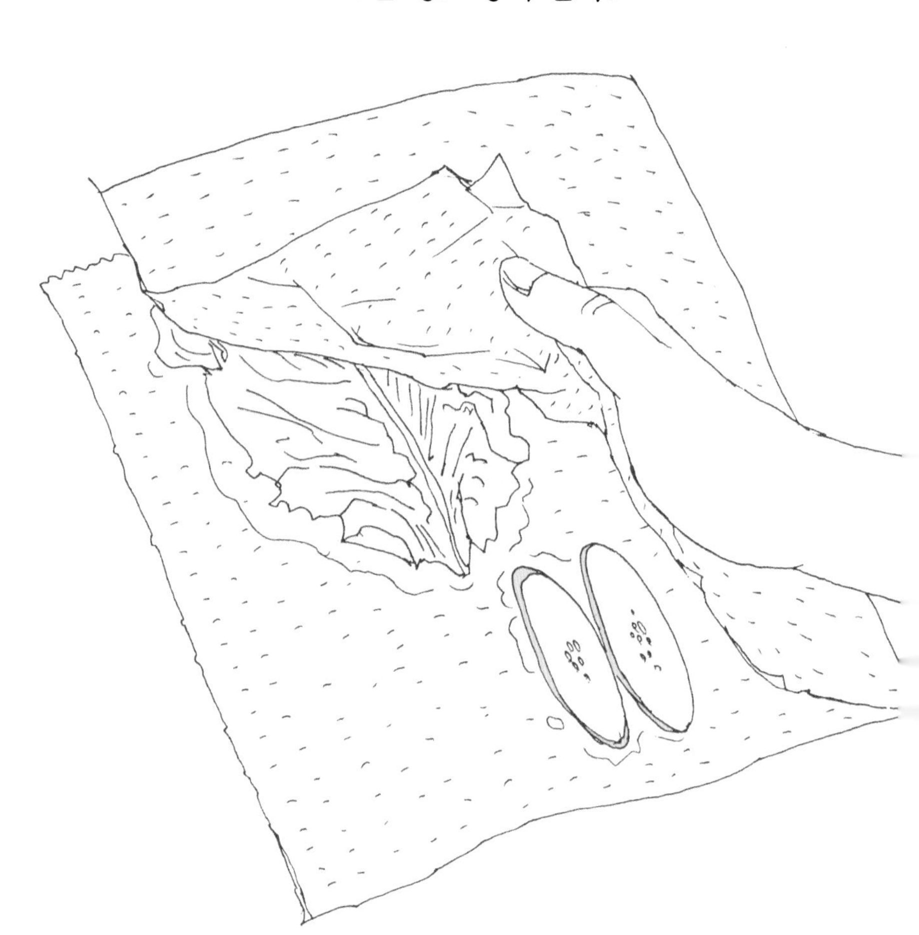

효과

① 수분이 배어 나오는 것을 막아서 빵 안의 재료가 질척거리지 않게 한다.

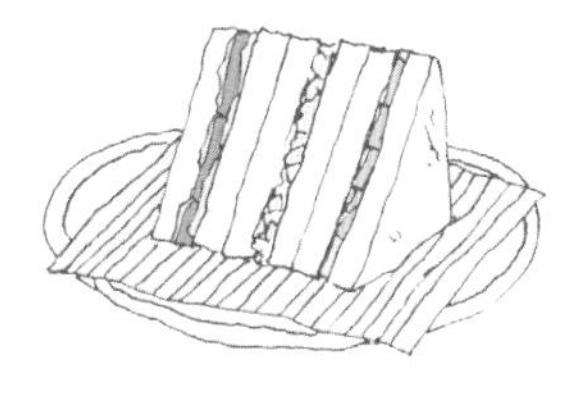

요리 예
샌드위치 등

비결 해부

샌드위치에 자주 쓰이는 양상추와 토마토, 오이 등의 야채는 95% 정도가 수분으로 이루어져 있습니다. 따라서 만든 뒤에 시간이 지나면 야채에서 수분이 나오고 말지요.
빵이나 속재료가 질척거리지 않도록 야채는 키친타월로 확실하게 물기를 제거하도록 합니다. 그렇게 해도 토마토는 특히 수분이 많은 야채이므로 양상추나 햄 등의 사이에 넣어 빵에 직접 닿지 않게 하는 편이 좋아요. 또한 샌드위치를 장시간 두었다가 먹어야 하는 경우에는 야채에 소금을 뿌려 두었다가 물기를 짜낸 후에 섭취하는 방법도 있지만, 이때에는 아삭한 야채의 식감은 즐길 수 없게 됩니다.

조리 전반의 기본 비결

못 먹을 정도는 아니지만
그다지 맛있다고는 할 수 없는 상태로 완성된 요리.
이러한 결과물에는 반드시 원인이 있기 마련입니다.
실패를 반복하지 않도록 하는
조리의 비결을 소개합니다.

62 고기와 야채는 센 불에 빨리 볶아낸다

단시간에 재빨리.

효과

① 질척거리지 않는다.
② 식재료 본연의 식감과 맛을 살린다.

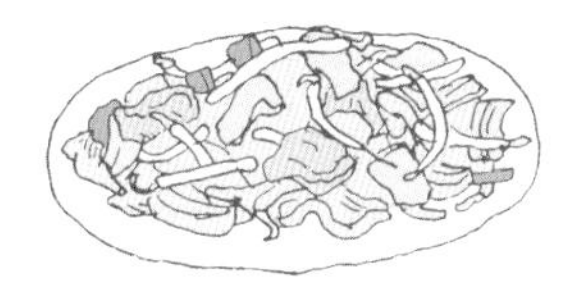

요리 예
야채와 고기를 주재료로 한 각종 볶음 요리

비결 해부

볶음 요리는 고온에서 단시간 가열하므로 식재료의 색과 맛, 영양의 손실이 적지요. 센 불에서 재빨리 볶으면 형태나 조직의 손상을 막을 수 있으므로 감칠맛 성분과 수분을 지켜 식재료 본래의 식감과 맛, 색감을 살릴 수 있습니다.
그러나 어중간한 온도에서 오래 볶으면 식재료에서 수분이 나와서 질척거리게 되고 맙니다. 따라서 효율적으로 단시간에 조리하기 위해서는 요리의 밑준비를 단단히 해 두도록 하세요. 또한 식재료, 조미료, 그릇 등을 사용하기 편하도록 준비해 둔 뒤에 요리를 시작하는 것이 좋습니다.

63 고기, 야채, 계란을 볶는 순서는?

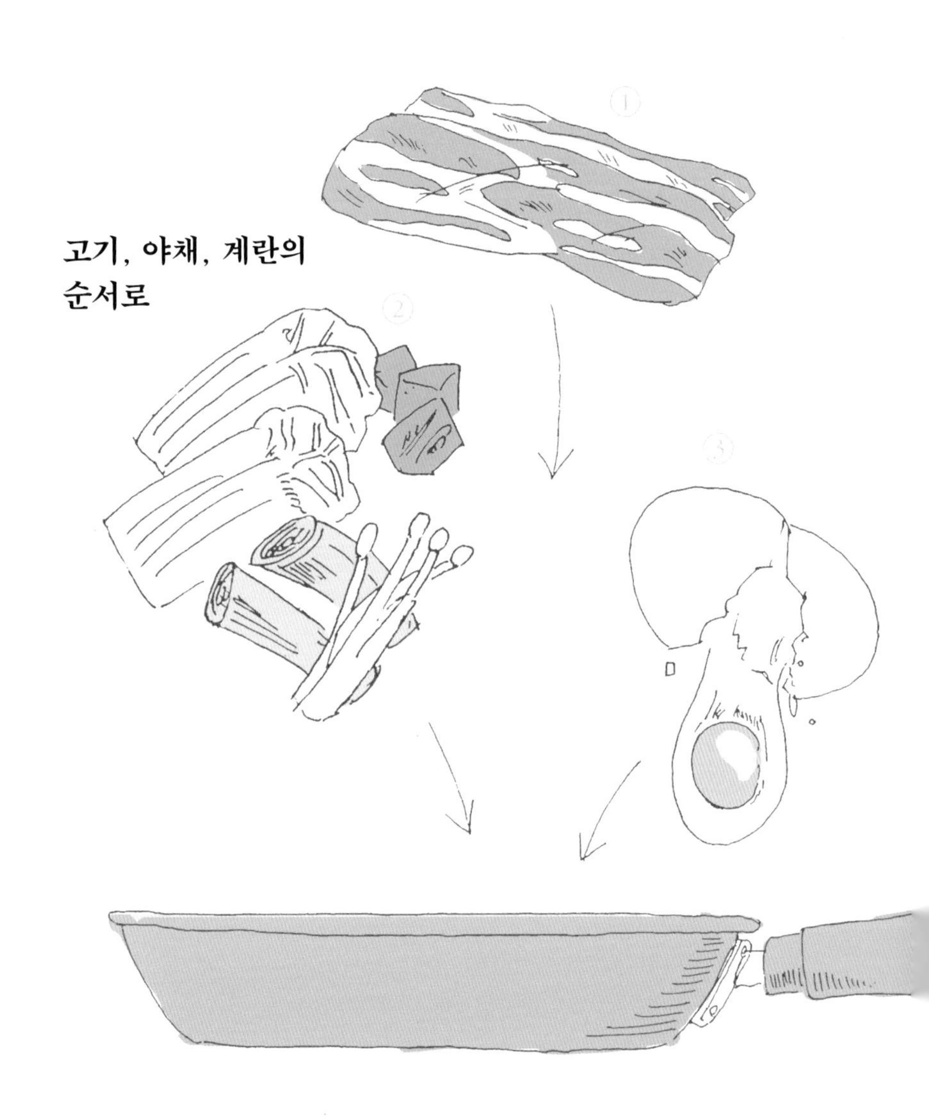

고기, 야채, 계란의
순서로

효과

① 고기의 감칠맛이 다른 식재료에도 깃든다.
② 야채의 수분을 계란이 흡수하여 질척거리지 않는다.

요리 예

각종 볶음밥과 볶음면 등

비결 해부

고기를 가장 먼저 볶으면 고기의 감칠맛을 요리에 전체적으로 퍼지게 할 수 있습니다. 단, 이때 센 불에서 가열해서 단백질을 응고시켜서 감칠맛이 빠져나가지 않도록 해 주세요.
다음으로 야채를 넣습니다. 이때 야채는 오래 볶으면 수분이 나오므로 물기가 나오기 전에 계란을 넣어 줍니다.
이렇게 마지막에 계란을 넣으면 단백질이 응고하면서 수분을 흡수해서 요리가 전반적으로 질척거리게 되는 것을 막아 줍니다.

64 빛깔과 맛을 살리는 가지의 조리법은?

1위
튀긴다.
가지튀김

2위
볶는다.
마파가지

3위
굽는다.
가지구이

4위
조린다.
가지조림

5위
찐다.
가지찜

효과(튀겼을 때)

① 아름다운 빛깔로 완성된다.
② 특유의 아린 맛이 누그러진다.

가지가 기름을
덜 빨아들이게 하는 비결

고온에서 조리한다.

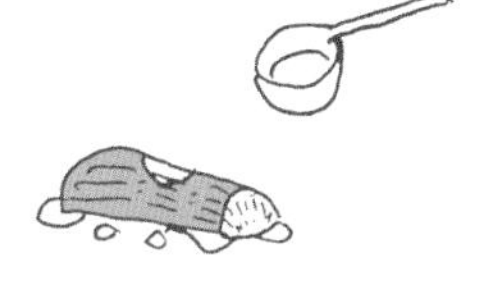

튀기기 전에
기름을 발라 둔다.

비결 해부

가지는 기름과의 궁합이 좋다고들 하지요. 그 이유는 가지가 갖고 있는 특유의 아린 맛을 기름의 풍미가 누그러뜨리기 때문입니다.
가지의 보라색 색소인 나스닌(Nasnin)은 안토시아닌계 색소이므로 물에 녹아 나오기 쉽습니다. 따라서 조리거나 삶는 등 주로 100℃ 이하에서 요리하면 변색되기 쉽지요. 고온에서 튀기면 변색 없이 선명한 본연의 보라색을 띤 요리로 완성할 수 있습니다. 튀기거나 굽는 편이 빛깔도 맛도 좋습니다.

65 생선이나 고기는 밀가루를 묻혀 굽는다

비닐봉지를 사용하면
적은 양의 밀가루로도
요리할 수 있어
효율성을 높일 수 있다.

효과

① 감칠맛과 지방질이 녹아 나오는 것을 방지한다.

② 향이 배가된다.

요리 예

생선이나 고기를 주재료로 한 각종 튀김 및 구이 요리 등

비결 해부

고기나 생선을 요리할 때 가열에 의해 녹아 나온 감칠맛과 지방질을 그대로 흘려 버리는 경우가 있습니다. 이때 표면에 밀가루를 묻히면 가열 시 밀가루의 전분이 응고되어 고기나 생선의 감칠맛과 지방질이 녹아내리는 것을 막아 주지요. 따라서 재료가 가지고 있는 맛을 지켜낼 수 있고요.

게다가 밀가루를 그을렸을 때 나는 고소한 맛은 고기의 풍미를 돋보이게 합니다. 단, 밀가루를 과하게 묻히면 요리를 완성했을 때 지저분해지므로 가급적 얇고 균일하게 묻히도록 하세요.

66 만두를 팬에 구울 때에는 기름을 넣기 전에 물부터 넣는다

물이 증발하면 기름을 넣어서
적당히 노릇노릇한 색을 낸다.

효과

① 찌는 효과를 주므로 속까지 잘 익는다.

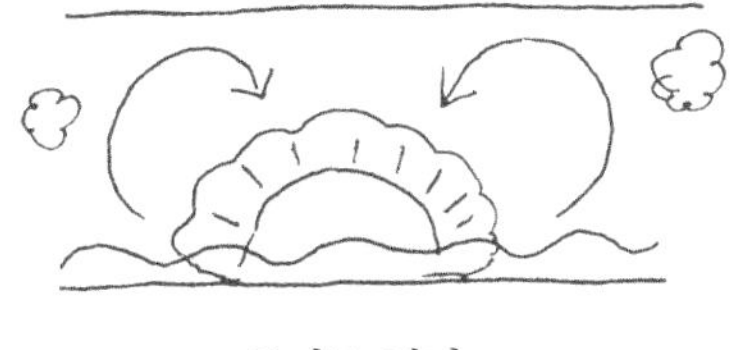

증기로 찐다.

비결 해부

만두를 구울 때 자칫하면 겉은 타고 속은 아직 차가운 경우가 생기지요. 만두피의 상단은 전분의 호화가 진행되지 않기 때문에 쫀득한 식감이 되지 않은 채 말라 버리고요.

이러한 문제는 팬에 물을 넣는 것으로 모두 해결할 수 있습니다. 먼저 팬에 물을 넣고 찌듯이 익히다가 기름을 팬 전체에 돌리듯 넣어서 노릇노릇하게 구워 주세요. 전체가 균일하게 익는 데다가 밑면의 바삭한 식감을 살려 완성할 수 있습니다.

67 화이트소스 만드는 방법

효과

① 응어리가 지지 않고 부드럽게 완성된다.

비결 해부

먼저 버터와 밀가루를 1:1의 비율로 물기가 없어질 때 까지 4~5분 정도 볶아 주세요. 이것으로 점도가 낮은 루가 완성됩니다. 이렇게 만든 루를 40℃까지 식히는 것이 밀가루 응어리가 지지 않게 하는 포인트입니다.
우유는 피막이 생기지 않도록 60℃ 정도로 데워 둡니다. 그리고 1/4에 해당하는 우유를 넣고 빠르게 휘저어 주세요. 루와 우유가 잘 섞이도록 하면서 남은 우유도 넣어서 끓어오르기 직전까지 가열합니다. 여기까지의 과정을 거친 다음에는 요리의 목적에 맞게 농도를 조절하면 됩니다.

① 버터와 밀가루를
볶는다.

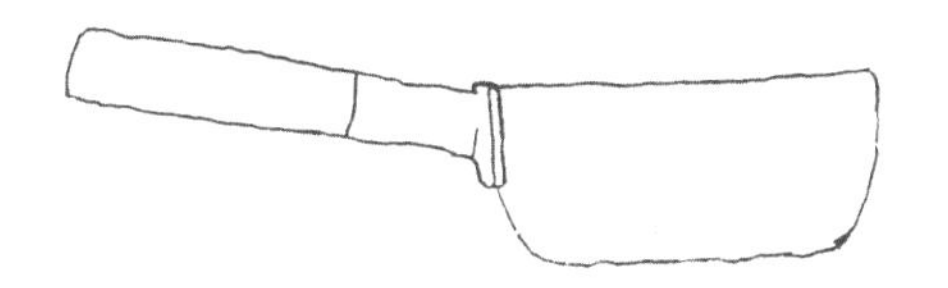

② 40℃까지
식힌다.

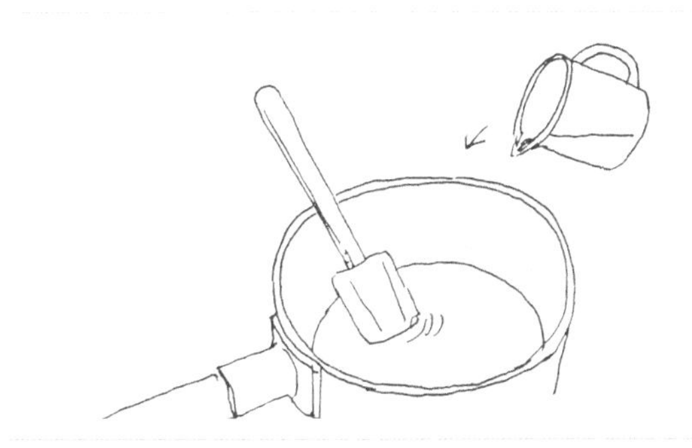

③ 먼저 준비한 분량의
1/4에 해당하는 우유를
넣고 섞는다.
이후에 남은 우유를
넣는다.

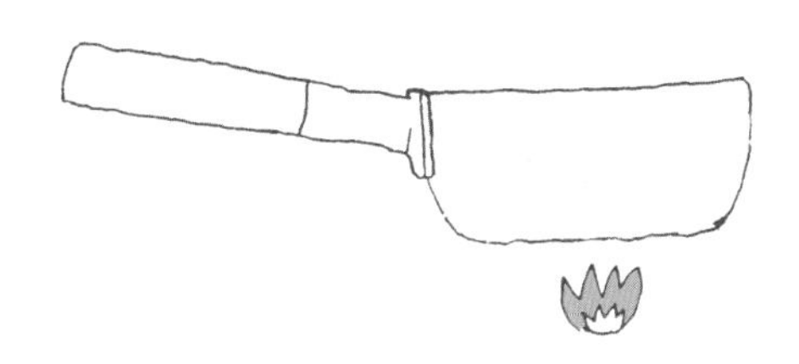

④ 끓어오르기 직전까지
가열한다.
그 상태로 졸이며
농도를 조절한다.

68 고소하고 향기로운 로스트비프 만드는 방법

비결 해부

로스트비프를 만들 때 고기 덩어리를 그대로 오븐에서 구우면 고소한 맛이 부족하게 되지요. 따라서 오븐에 넣기 전에 반드시 프라이팬에 표면을 구워 주세요. 이때 먼저 소금을 뿌리면 맛이 제대로 들지만, 소금이 묻은 부분이 타기 때문에 취향에 따라 정하면 됩니다.

오븐에서 굽는 과정이 끝나면 고기 덩어리 위에 잠시 그릇을 덮어 두거나 알루미늄 포일로 감싸 둡니다. 이렇게 서서히 온도를 떨어뜨리면 육즙이 빠지는 것을 막고, 퍽퍽해지지 않습니다.

① 오븐에
넣기 전에
프라이팬에서
노릇노릇하게
굽는다.

② 오븐에서
구울 때는
100℃에서
30~50분 정도
굽는다.

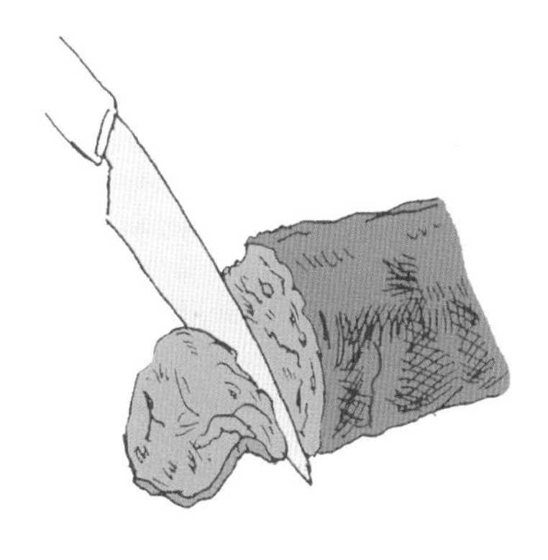

③ 열기가
어느 정도 식으면
1~2시간 정도의
휴지기를 준다.
취향에 따라
알맞은 두께로
잘라서 먹는다.

간에 관한 비결

간을 맞추는 일을 '감'에 맡겨
대충 넘기고 있지는 않으신가요?
음식의 맛을 좌우하는 '간'에 관한
올바른 비결을 소개합니다.

69 야채를 볶는 요리는 간을 맨 마지막에 맞춘다

효과

① 수분이 나와서 질척거리는 것을 막는다.

도중에 넣으면
질척하게 된다.

비결 해부

야채를 볶는 동안에는 가열 때문에 안에서부터 수분이 유출되어 있는 상태입니다. 이때 소금을 첨가하게 되면 탈수작용에 의해 수분이 빠져나오고 말지요. 그 위에 간을 하면 전반적으로 물기가 생겨서 질척거리는 느낌으로 마무리될 뿐입니다. 전체적인 양념도 연하게 느껴져 과도하게 추가하게 되다 보니 지나친 염분 섭취로 이어지고요.
이러한 상황을 막기 위해서 야채볶음은 반드시 마지막에 간을 맞춰 주세요.

70 조림 요리는 만든 뒤에 식혀 두는 시간을 갖는다

① 끓어오른 뒤 4~5분이 지나면 간을 맞춘다.

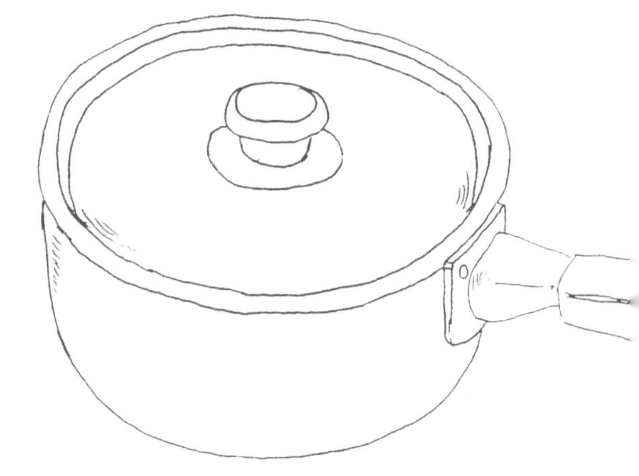

② 조린 후에 불을 끄고 식혀 둔다.

효과

① 맛이 재료의 속까지 배어들게 할 수 있다.

요리 예

각종 조림 요리 등

비결 해부

조림은 대체로 끓어오른 뒤 4~5분 정도가 되면 양념을 넣어 간을 맞춥니다. 그런데 '조림은 한 번 식혀 두고 난 후에 맛이 속까지 잘 배어든다' 라는 말을 들어보신 적이 있을 거예요. 이것은 조림이 끓고 있을 때에는 재료의 내부에서 수분이 증발하고, 온도가 내려가면 외부보다 내부의 압력이 낮아지기 때문입니다. 그러면 수분이 빠져나간 만큼 국물을 빨아들이기 때문에 빨리 맛이 배어드는 것이지요.

따라서 무를 비롯한 야채를 두툼하게 썰어서 조리할 때 맛을 잘 스며들게 하고 싶으면 조린 뒤에 일단 불을 꺼서 잠시 그대로 식혀 두도록 합니다.

71 건더기를 넣어 짓는 밥에 간을 하는 타이밍

① 먼저 백미로 밥을 지을 때와 같은 분량의 물을 넣어 불린다.

② 간을 맞출 조미료를 첨가하는 분량만큼의 물을 버린다.

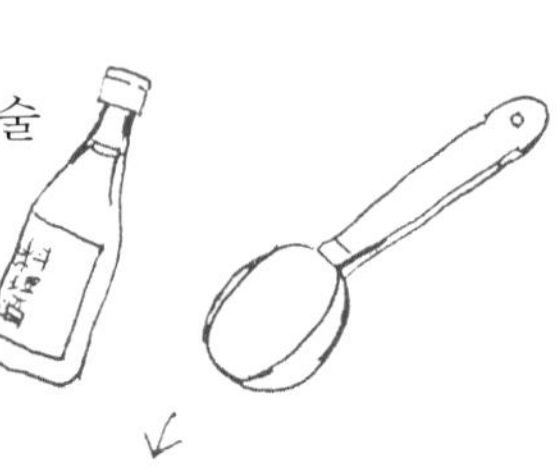

③ 밥을 안치기 직전에 간을 맞춘다.

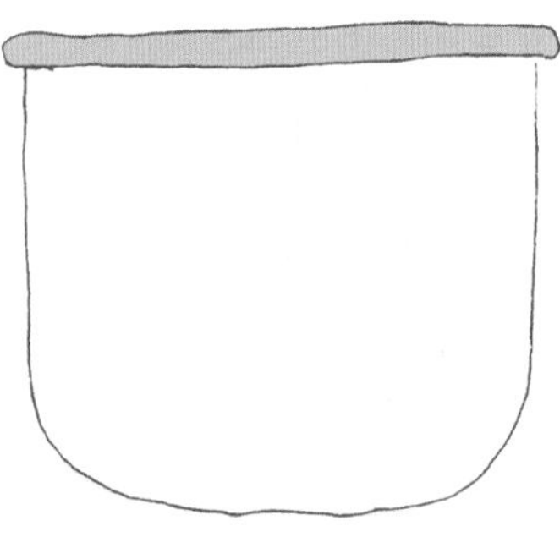

효과

① 쌀알이 설익거나 질척해지는 것을 막는다.

요리 예

건더기를 넣어 짓는 밥, 필라프 등

비결 해부

간장이나 소금 등의 조미료를 첨가하면 쌀알은 수분 흡수를 억제합니다. 따라서 콩나물밥이나 나물밥처럼 건더기가 있는 밥이나 필라프를 만들고자 할 때에는 우선 쌀을 평소에 밥을 짓는 것과 같은 양의 물에 담가 두어서 충분히 물을 흡수시킨 뒤에 안치기 직전에 조미료를 넣으면 좋겠지요. 간장, 맛술 등의 액체 조미료를 추가하는 때에는 그만큼의 물을 버리는 편이 좋습니다. 간장을 한 숟가락 넣는다면 한 숟가락의 물을 버려 주세요. 이렇게 하면 완성된 밥이 질척거리는 것을 막을 수 있습니다.

72 각종 조미료를 넣는 순서의 중요성은?

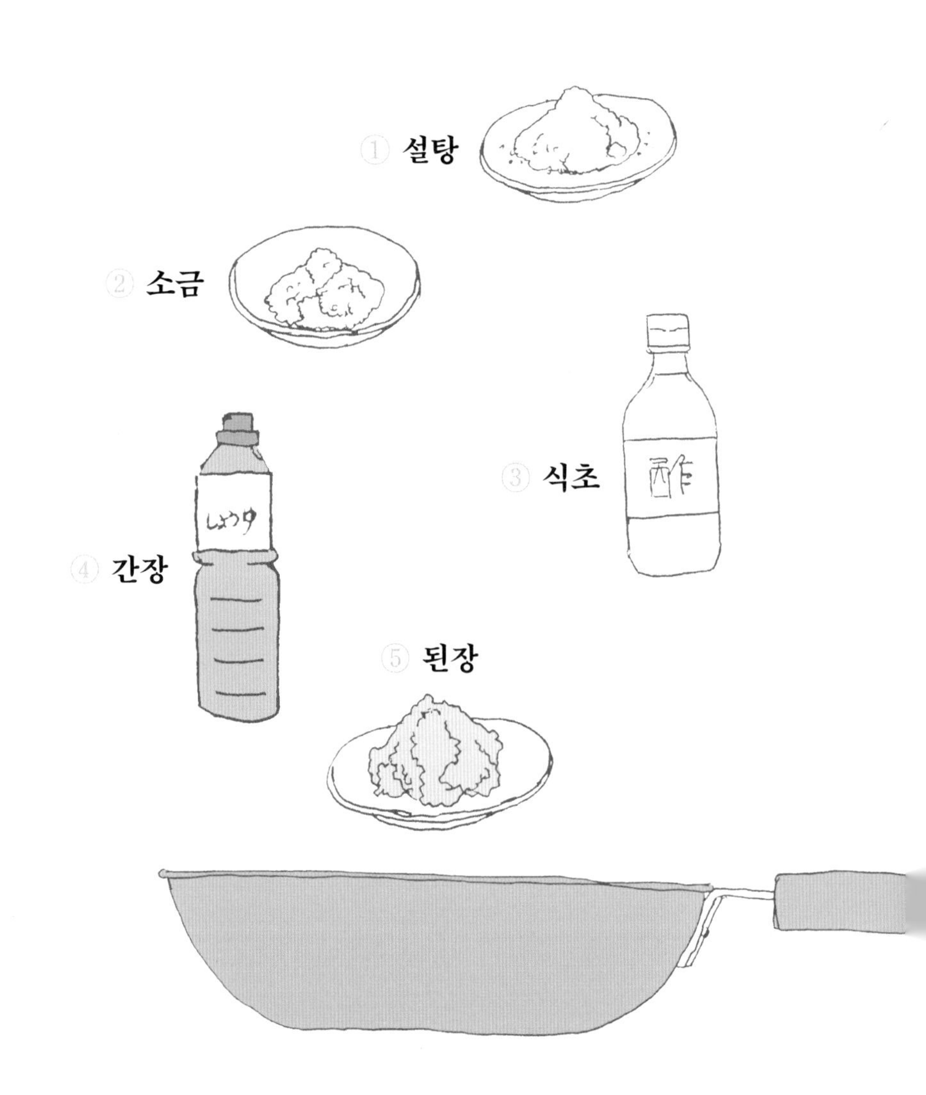

효과

① 조미료를 넣는 순서를 지키지 않고 동시에 넣어도 맛에는 큰 변화가 없다.

요리 예

각종 조림 등

비결 해부

간이 잘 배어 있고 식감도 좋은 조림 등을 완성하기 위해서는 각종 조미료를 넣는 일에도 순서를 지켜야 한다는 말이 있지요. 그러나 이러한 순서를 지켜서 만든 요리와 그렇지 않은 경우의 맛의 차이는 사실 체감하기 힘든 정도에 불과합니다. 조미료를 한꺼번에 넣어도 맛의 차이가 거의 없다는 실험결과도 있고요. 따라서 이 순서를 반드시 지켜야 할 필요는 없겠지요. 다만 식초와 간장, 된장 등의 장류에는 고유의 향이 있습니다. 향기는 휘발성이므로 가열하면 날아가겠지요. 따라서 이 향을 살리고 싶은 경우에는 가열의 맨 마지막 단계에서 추가하면 좋습니다.

73 팥 앙금에는 소금을 넣는다

완성되면
맨 마지막에 넣는다.

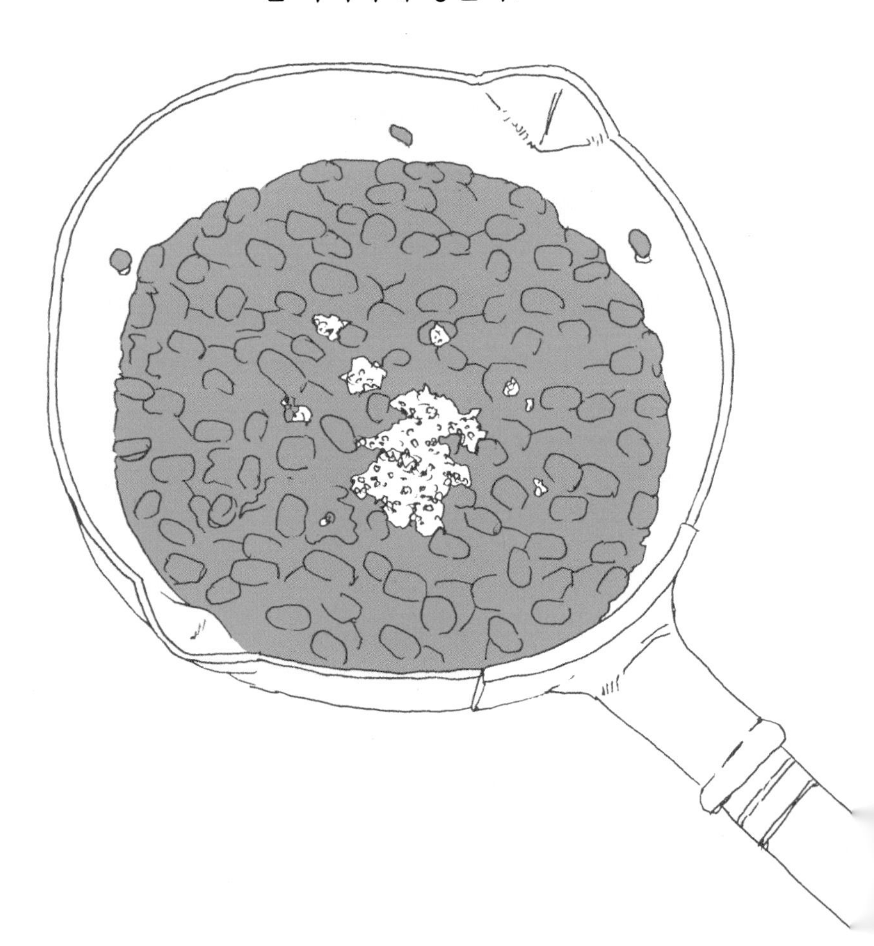

효과

① 깊은 맛이 난다.

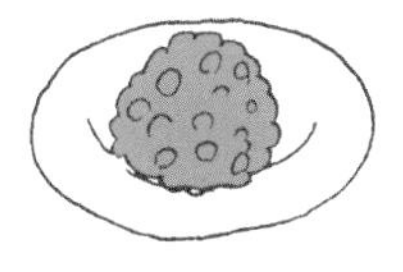

팥 앙금 등에
소금을 넣는다.

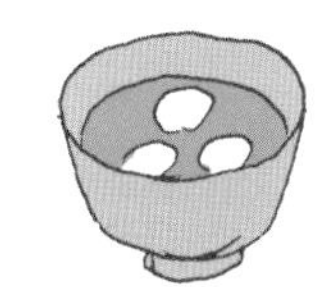

팥죽 등에는
소금의 양을 늘린다.

비결 해부

단맛과 매운맛처럼 두 가지 이상의 맛을 섞으면 양쪽의 맛이 모두 더 강하게 느껴집니다. 이를 맛의 대비 효과라고 하지요.
따라서 팥 앙금에도 소금을 첨가하면 단맛이 두드러지게 됩니다.
소금은 짠맛이 느껴지지 않을 정도의 양만 첨가하면 됩니다. 0.3% 정도의 소금으로 단맛을 더 진하게 느낄 수 있어요. 이것은 단맛이 증가했다기보다는 단맛의 질이 변화했기 때문에 느껴지는 현상입니다. 단, 0.5% 이상의 소금을 첨가하면 과하게 진한 단맛으로 느껴질 수 있으므로 주의하세요.

74 설탕의 숨겨진 역할

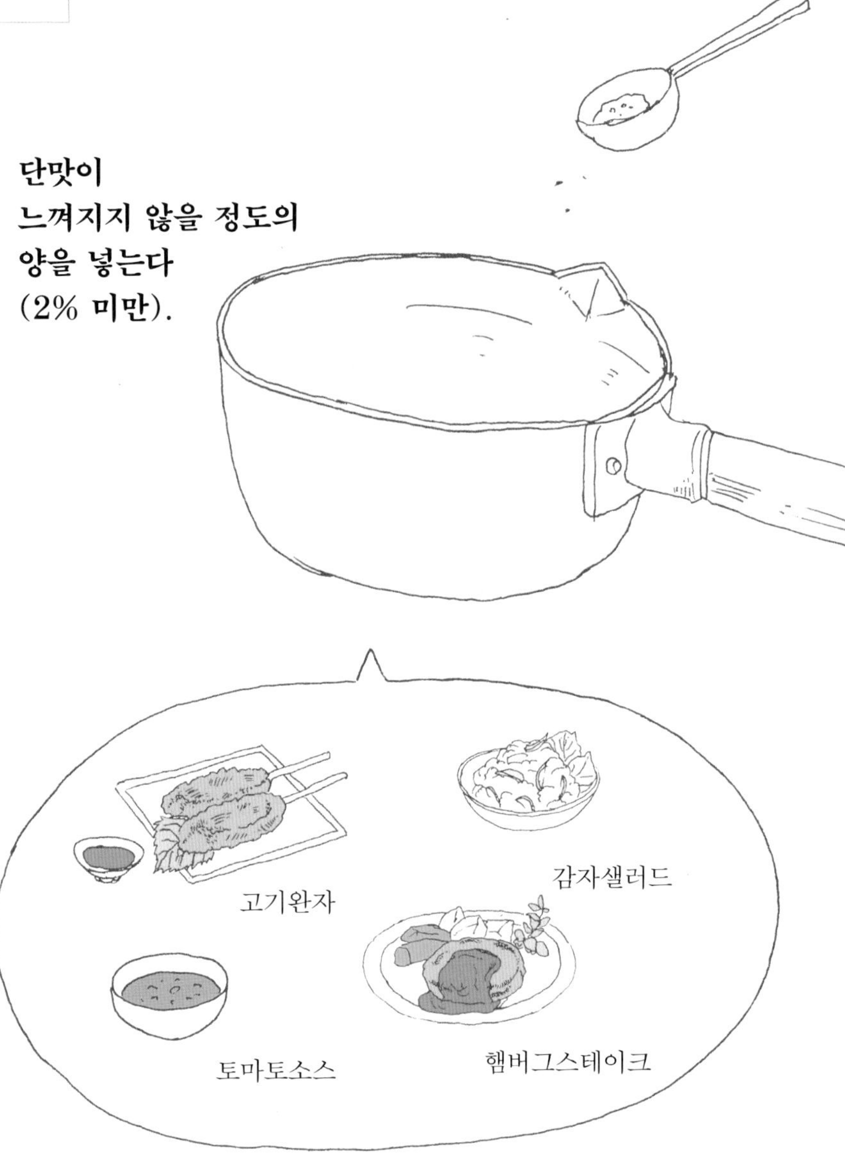

효과

① 고기나 야채의 잡내, 토마토 등의 산미를 완화시켜 준다.

산미, 잡내,
누린내

비결 해부

요리에서 설탕의 역할은 단지 단맛을 내는 것뿐만이 아닙니다. 설탕의 단맛은 고기나 야채 등이 가지고 있는 잡내를 억제하는 효과도 있으니까요. 이것을 '억제 효과'라고 합니다. 토마토의 신맛과 커피의 쓴맛을 완화할 때에도 설탕은 유용하게 쓰입니다.
특히 햄버그스테이크나 고기완자 등, 다짐육을 이용한 요리에 소량의 설탕을 첨가하면 고기의 누린내를 누그러뜨려서 맛있게 완성할 수 있습니다. 이때 설탕의 양은 단맛이 느껴지지 않은 정도(2% 미만)로 합니다.

75 맛술의 역할

일식의 필수재료

효과

① 요리에 윤기와 빛깔, 풍미, 감칠맛, 고상한 단맛을 더한다.

② 잡내를 억제한다.

맛술에 들어 있는 당분은
설탕의 절반 정도이지만 단맛이 약하므로
1/3이라고 가늠하여 요리한다.

비결 해부

설탕과 마찬가지로 단맛을 내기 위해 맛술을 사용하곤 하지요. 하지만 맛술은 설탕으로 대체할 수 없는 다양한 효과를 낸답니다.
요리에 보기 좋은 윤기나 짙은 색을 내고, 풍부한 풍미를 더하며 감칠맛과 고상한 단맛을 낼 뿐 아니라 잡내를 제거하는 것은 맛술만의 기능이니까요.
이러한 맛술을 사용할 때 유의할 것은 설탕에 비해 당분이 절반이라는 사실입니다. 또한 맛술은 70~90%가 단당류인 글루코오스(Glucose)로 이루어져 있어서 부드럽고 깊이 있는 단맛을 가지고 있으므로 사용할 때에는 설탕의 1/3의 단맛을 가지고 있다고 가늠하면 됩니다. 특유의 향기는 아미노산과 유기산 그리고 향기 성분으로 이루어져 있습니다.

76 허브와 향신료, 맨 처음 넣는 것과 맨 마지막에 넣는 것

홀 타입은 요리를 할 때
처음부터 넣는다.

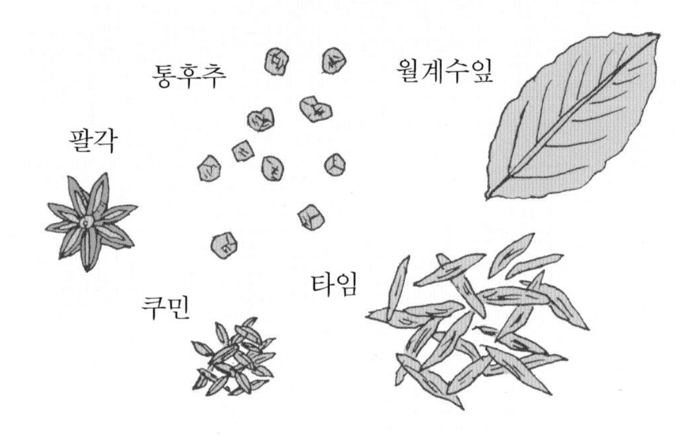

분말 타입은
요리가 완성된 후에 넣으면
특유의 향이 강조된다.

효과

① 향신료의 풍미를 제대로 즐길 수 있다.

요리 예

인도카레 등

비결 해부

허브나 향신료는 요리에 향과 색상 배합을 더해 주지요. 이러한 허브나 향신료의 풍미는 각각이 포함하고 있는 정유[식물로부터 채취하여 정제한 방향유(芳香油)]의 양에 의해 달라집니다.
또한 정유는 휘발성으로 가열하지 않아도 점차 사라지는 성질을 가지고 있습니다. 따라서 분말 형태는 정유가 즉시 휘발하기 때문에 요리에 일찍부터 넣으면 풍미가 약해지는 것입니다.
한편, 타임이나 월계수 잎, 통후추 등 원래의 형태를 유지하고 있는 쪽은 정유가 천천히 녹아 나오므로 요리의 맨 처음에 넣도록 하세요.
향신료는 이와 같은 성질을 이용하여 특유의 향을 강하게 내고 싶은가 아닌가에 따라 요리에 첨가하는 타이밍을 조절하여 사용하면 됩니다.

조리 도구에 관한 비결

부엌칼, 냄비, 전자레인지…….
다양한 조리 도구를 올바로 사용하고 있나요?
맛있는 요리를 만들기 위한
조리 도구에 관한 비결을 소개합니다.

77 칼은 식재료에 비스듬히 닿게 한 뒤 앞뒤로 움직여 썬다

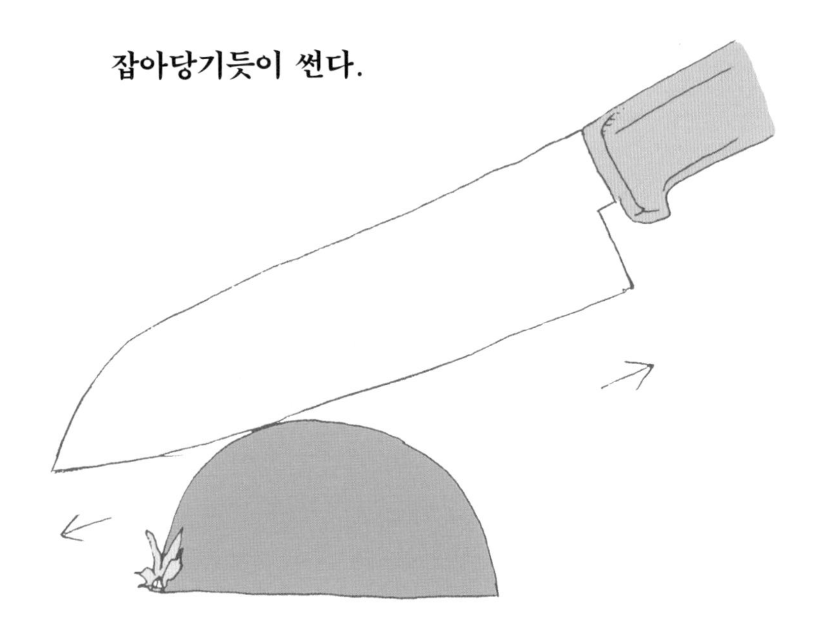

효과

① 썰기 편하다.

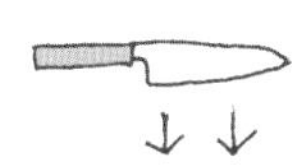

위에서부터
누르듯 써는 방법

잡아당기듯
써는 방법

비결 해부

식재료를 썰 때에는 칼을 재료의 윗면에 수직으로 닿도록 써는 것을 삼가고, 칼을 내리 눌렀다가 당기듯이 움직이도록 하세요. 수직으로 써는 방법은 힘도 수직 방향의 힘밖에 내지 못합니다. 그러나 칼끝을 아래로 기울여 앞으로 밀듯이 썰거나, 칼끝을 위로 올려서 당기듯이 썰면 운동의 힘이 커지므로 자르기가 수월해집니다.
두부처럼 부드러운 식재료라면 수직으로 잘라도 좋지만 다른 식재료를 자를 때에는 이처럼 밀면서 혹은 당기면서 자르는 방법을 적절히 섞어서 쓰면 좋겠지요.

78 볶는 요리의 재료는 팬 크기의 절반 이하로 한다

재료의 양은 팬의
용량 대비 1/2 이하로 한다.

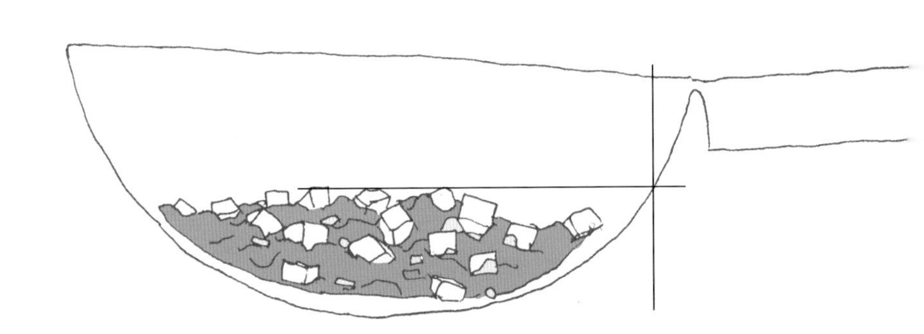

효과

① 재료를 뒤섞기 쉬우며 타는 것을 방지한다.

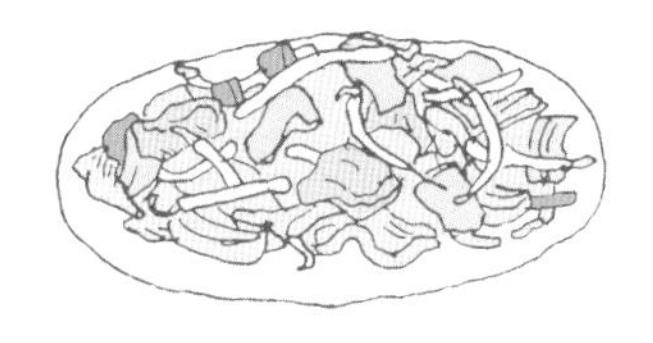

요리 예

야채볶음 등등

비결 해부

앞서 고기와 야채를 볶을 때에는 센 불에서 단시간에 볶아야 한다고 밝혔습니다. 그러나 재료의 양이 많은 경우는 아무리 센 불에서 볶아도 시간이 걸리기 마련이지요. 재료가 달궈진 팬의 밑바닥에 닿는 비율이 낮은 데다 수분이 많은 재료를 사용하는 경우에는 팬 자체의 온도도 내려가기 때문입니다. 이러한 상태라면 고온에서 볶는다는 의미가 없어지겠지요. 맛있는 볶음 요리를 만들기 위해서는 재료에 고르게 열을 전달하면서도 타지 않도록 하고, 수분이 증발하는 것은 균일하게 해야 합니다. 이를 위해 지속적으로 전체를 잘 뒤섞어야 하고요. 따라서 한 번에 볶는 최적의 양은 팬 용량 대비 절반 이하라고 할 수 있습니다.

79 야채를 익힐 때에는 전자레인지를 활용한다

① 먹기 편한 크기로 잘라서
씻은 뒤 용기에 넣는다.

② 랩을 씌워서
취향에 맞는 식감으로
익을 때까지 익힌다.

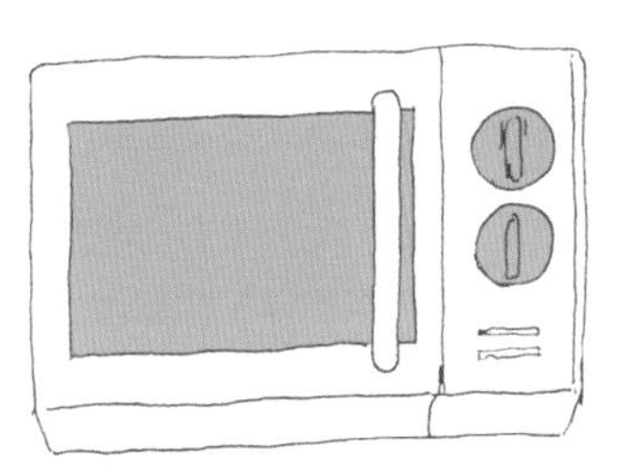

효과

① 짧은 시간으로 완성할 수 있다.
② 비타민류의 유출을 방지한다.

요리 예
각종 야채무침,
더운야채 샐러드 등

비결 해부

전자레인지를 조리에 활용할 때에 최적의 선택지 중 하나는 야채를 익히는 것입니다. 냄비에서 데치거나 삶는 것에 비하면 가열 시간을 크게 줄일 수 있기 때문입니다. 또한 비타민류가 물에 녹아서 손실되는 것에 대한 걱정도 사라지지요. 브로콜리의 경우는 물에 삶는 것보다 전자레인지에서 가열한 경우가 1.5배의 비타민이 더 남아 있다고 합니다. 단, 떫은맛이 강한 야채의 경우에는 가열한 뒤 물에 헹구거나 데치는 등의 처리를 하는 편이 좋겠지요.

곁들임에 관한 비결

돈가스에 양배추, 생선에는 무 간 것…….
누구나 즐겨 찾는 조합에는 이유가 있습니다.
요리를 돋보이게 하는,
곁들임에 관한 비결을 소개합니다.

80 돈가스에는 잘게 썬 양배추

튀김 요리 전반에 곁들이면 좋다.

효과

① 기름기를 누그러뜨린다.

② 위장 운동을 돕는다.

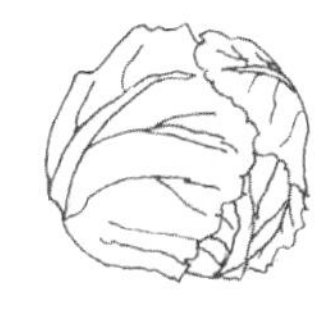

생으로 먹자!

비결 해부

돈가스에 곁들이는 양배추는 입안을 산뜻하게 하지요. 그러나 이러한 곁들임에는 맛뿐 아니라 영양 면에서도 장점이 있답니다. 양배추에 들어 있는 카베진(Cabagin)이라는 성분이 비타민 C와 같이 위의 점막을 복구하는 데 도움을 주기 때문입니다.

신선한 양배추와의 조합은 기름진 돈가스를 마지막까지 맛있게 먹을 수 있도록 합니다. 단, 야채는 잘게 썰면 실제보다 양이 많아 보이므로, 적정한 양의 야채를 섭취하기 위해서는 더운야채도 함께 섭취하는 편이 좋습니다.

81 생선구이에는 무 간 것

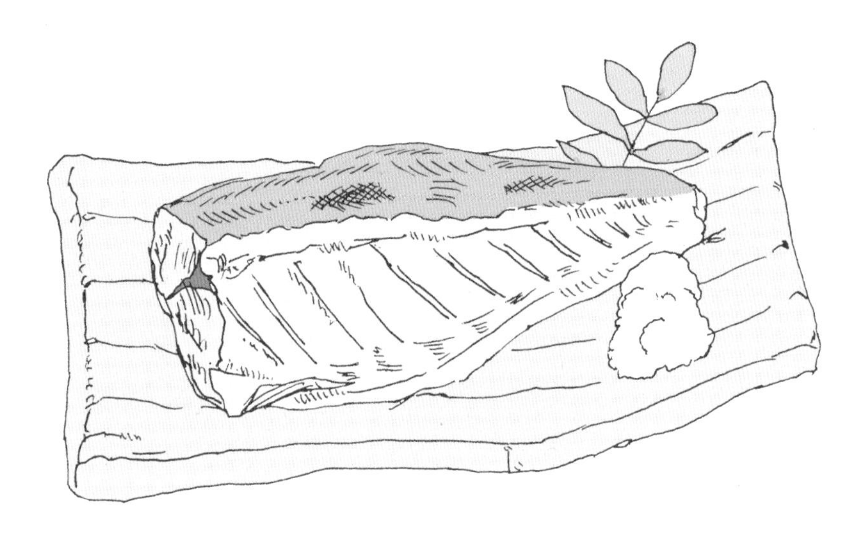

무의 즙까지 먹으려면……

후(ふ: 밀가루의 글루텐을 주성분으로 한 가공식품)를 넣으면 맛과 식감을 해치지 않으면서 무즙까지 남김없이 섭취할 수 있다.

효과

① 생선을 산뜻하게 먹을 수 있고 비린내도 잡아 준다.

생선은 껍질에 아연, 철분 등이 풍부하므로 껍질까지 먹자.

비결 해부

생선구이에 자주 쓰이는 고등어나 꽁치, 정어리 등의 등 푸른 생선에는 DHA나 EPA 등의 불포화 지방산이 풍부하게 함유되어 있습니다. 게다가 껍질 부분에는 아연이나 철 등 미네랄이 풍부하고요. 생선구이는 이렇게 영양 면에서 우수한 만큼 적극적으로 섭취하기를 권장합니다. 단, 지방질도 상당 부분 포함하고 있기 때문에 먹을 때 기름지고 맛이 느끼해지는 면도 있습니다. 이 점을 상쇄시키기 위해서는 무 간 것과 함께 먹으면 좋습니다. 무는 맛뿐 아니라 생선의 비린내를 잡아 주는 역할도 한답니다.

82 토마토에는 올리브오일

**엑스트라버진
올리브오일이라면
더욱 좋다!**

효과

① 영양소의 흡수율을 높인다.

요리 예

토마토소스 파스타, 토마토 샐러드, 카프레제 등

비결 해부

토마토에 함유된 β카로틴과 리코펜은 혈당치를 낮추고 혈류를 돕는 등 몸에 좋은 생리작용을 하는 것이 인정되는 성분입니다. 두 가지 성분은 모두 지용성이므로 기름과 함께 섭취하면 흡수를 촉진하지요. 기름과 함께 섭취하는 것으로 β카로틴의 흡수율은 약 7배까지 높아진답니다.
단, 기름을 지나치게 섭취하는 데는 주의할 필요가 있겠지요. 하루 섭취량은 다른 기름을 포함해서 하루에 15~20g 정도로 제한하도록 합니다.

83 카레에는 락교

돼지고기를 넣은 카레에는 특히 추천!

효과

① 체내에서 영양소가 효율적으로 쓰이는 것을 돕는다.

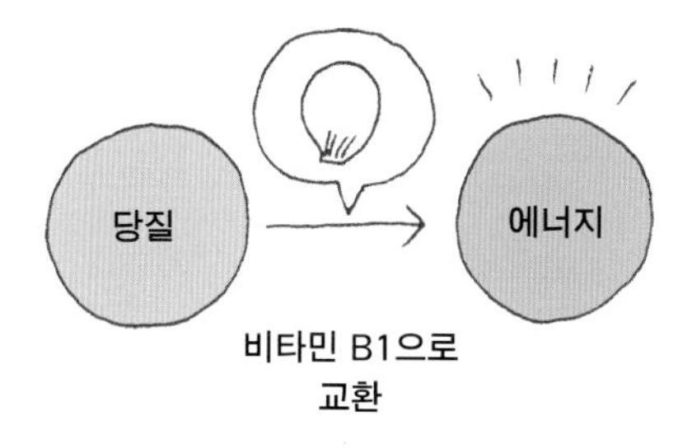

비결 해부

카레를 먹을 때는 탄수화물인 쌀을 다량 섭취하게 되는 경우가 많지요. 이때 당연히 몸에서 당질을 받아들이는 양도 늘어납니다. 이러한 당질을 에너지로 바꾸는 데에는 비타민 B1이 필요하고요. 비타민 B1이 부족하면 피로와 권태감, 식욕부진 등의 다양한 증상이 나타나기도 하지요.
락교에는 비타민 B1을 효율적으로 활용하는 데 도움이 되는 알리신(황화아릴) 성분이 포함되어 있습니다. 따라서 락교는 비타민 B1을 풍부하게 함유한 돼지고기를 넣은 카레 등을 먹을 때에 더더욱 추천할 만한 곁들임 식품입니다.

84 밥에는 된장국

효과

① 필수 아미노산과 질 좋은 단백질을 효율적으로 섭취할 수 있다.

건더기로는 두부나 유부 등을 추천

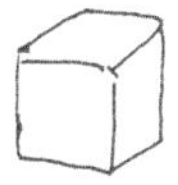
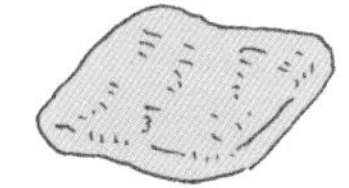

비결 해부

체내에서는 합성할 수 없지만 살아가는 데 있어서 없어서는 안 될 아미노산을 '필수 아미노산'이라고 부르지요. 이러한 필수 아미노산이 모두 들어 있는 단백질은 '양질의 단백질'이라고 불리고요.
우유, 달걀, 고기 등은 필수 아미노산을 모두 함유하고 있습니다. 이에 반해 밥이나 두부 등은 일부의 필수 아미노산이 부족하므로 두 가지를 함께 먹는 것으로 서로를 보완해 줍니다. 따라서 밥과 된장국의 조합은 맛뿐 아니라 영양적으로도 뛰어난 조합이라고 하겠습니다.

85 시금치, 소송채에는 유부

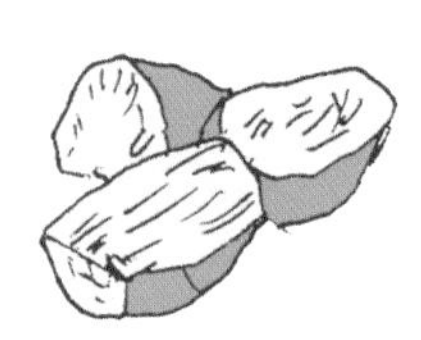

데친 야채와 구운 유부를 맛국물에 담근다.

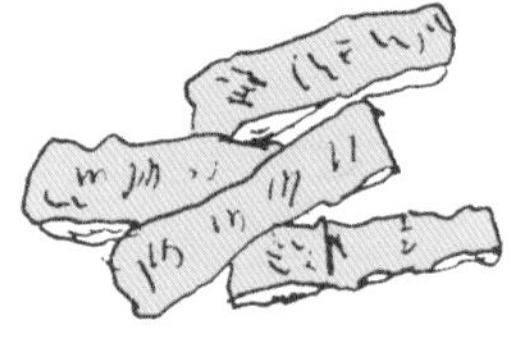

뜨거울 때에도 조금 식은 뒤에도 맛있다.

효과

① 영양소를 효율적으로 섭취할 수 있다.

요리 예

소송채 및 시금치 나물, 참깨무침, 견과류 무침 등

비결 해부

소송채는 다량의 칼슘을 포함하고 있습니다. 70g의 소송채 나물에는 우유 100ml분의 칼슘이 포함되어 있지요. 이를 효율적으로 섭취하려면 칼슘의 흡수를 촉진시키는 콩류의 식품과 함께 먹는 것이 좋습니다. 특히 유부는 소송채와 같은 칼슘과 철분이 풍부하므로 함께 섭취하면 영양가가 더욱 높아집니다.

또한 소송채에 포함된 β카로틴은 기름에 녹아서 소장에서 흡수됩니다. 따라서 유부와 함께 조리하는 것으로 이 β카로틴 또한 수월하게 섭취할 수 있습니다.

86 야채볶음에는 면

면은 맨 마지막에 볶는다.

효과

① 감칠맛과 영양의 유출을 막는다.

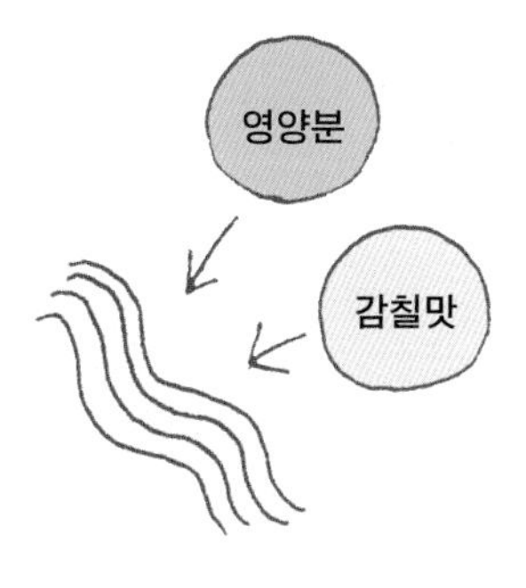

면이 흡수해 준다.

비결 해부

야채를 볶아서 소금이나 간장으로 간을 맞추면 탈수 작용에 의해 세포 내의 수분이 밖으로 나오므로 물기가 많아집니다.
그러나 이러한 수분에는 수용성 비타민과 감칠맛 성분이 듬뿍 함유되어 있으므로 그냥 버려 두기에는 아깝지요. 이럴 때에는 면을 사용하면 좋습니다. 야채를 어느 정도 볶다가 면을 넣으면 녹아 나온 감칠맛과 영양분을 제대로 빨아들이게 되니까요.
이렇게 면을 함께 먹으면 야채에서 빠져나온 감칠맛과 영양분을 알뜰히 섭취할 수 있게 됩니다.

마실 거리에 관한 비결

차, 커피, 술…….
마실 거리가 맛없거나 부실하면
식사 자체의 인상이 바뀌는 경우가 있지요.
의외로 간과하고 있는
마실 거리에 관한 비결을 소개합니다.

87 선명한 아이스티 만드는 방법

효과

① 불투명해지는 것을 방지한다.

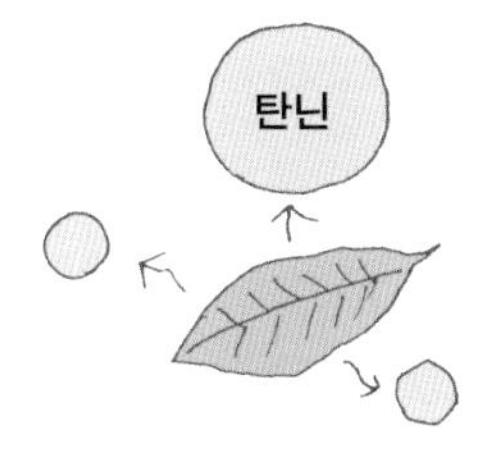

비결 해부

찻잎에 함유된 탄닌(Tannin)은 물에 녹아 나와서 홍차의 특징인 풍미와 씁쓸한 맛, 감칠맛 등을 냅니다. 단, 아이스티와 차가운 홍차는 부옇게 보이는 경우가 많지요. 크림 다운이라고 불리는 이러한 현상은 물에 녹아내린 탄닌이 식으면서 고체 입자가 되기 때문에 일어납니다. 홍차 중에서도 아쌈, 실론, 우바, 다즐링의 일부가 일어나기 쉽고요. 이를 방지하려면 먼저 잔에 얼음을 넣어서 급랭하면 됩니다.

88 카페오레와 카페라테의 차이점

비결 해부

'오레(au Lait)'는 프랑스어로 '우유를 넣는다', '라테(Latte)'는 이탈리아어로 '우유'라는 의미이므로 양쪽 모두 우유를 넣은 커피라는 점에서는 같지요. 다만 커피의 종류와 우유의 분량에서 차이가 납니다. 일반적으로 카페오레에는 드립 커피를, 카페라테에는 에스프레소 커피를 사용하거든요.
커피와 우유의 비율은 취향에 따라 다르지만, 대체로 카페오레는 5:5, 카페라테는 2:8 정도입니다. 또한 카푸치노는 에스프레소, 데운 우유, 단단한 우유 거품이 각각 1:1:1의 비율로 섞은 것을 말합니다.

우유		드립 커피		카페오레
			=	
5	**:**	**5**		

우유		에스프레소 커피		카페라테
		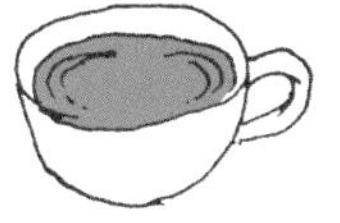	=	
8	**:**	**2**		

단단한 우유 거품		데운 우유		에스프레소 커피		카푸치노
				 	=	
1	**:**	**1**	**:**	**1**		

89 식후에 즐기는 녹차의 기능

기본적인 다구

효과

① 소화가 잘 되게 한다.

② 구취를 억제한다.

③ 식중독과 충치를 예방한다.

탄닌, 폴리페놀의
장점이 발휘된다.

비결 해부

녹차에 함유된 폴리페놀은 콜레스테롤의 흡수를 방해합니다. 또한 지방의 연소 효과를 높여서 혈당치를 낮추는 작용을 하지요. 녹차에 든 씁쓸한 맛의 성분인 탄닌은 위장 운동을 활성화시켜서 소화에도 좋습니다.
또한 입안에 남은 음식 찌꺼기를 씻어내므로 구취를 억제할 뿐 아니라 차의 살균 작용을 통해 세균의 번식을 막을 수 있습니다. 이는 식중독과 충치 예방으로도 이어지고요.

90 맥주 맛있게 따르는 법

① 따르기 시작할 때는 잔을 기울여 받는다.

② 기울인 잔을 서서히 바로 세운다.

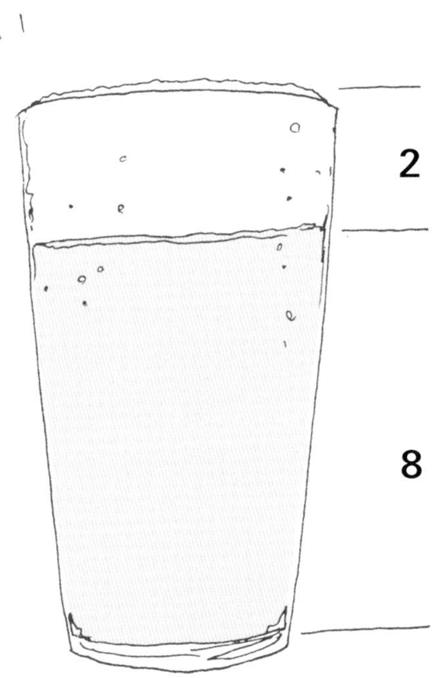

거품은
20~40% 정도로

효과

① 맥주의 향이 날아가는 것을 막을 수 있다.

② 보기 좋은 모양의 거품이 생긴다.

맥주가 남아 있는 잔 위에 더 따르면 거품이 생기지 않는다.

비결 해부

맥주의 거품은 맛을 좌우하는 중요한 요소입니다. 거품이 쓴맛을 완화시킬 뿐 아니라 윗면을 덮는 막과 같이 작용해서 맥주의 향기가 날아가는 것과 산화작용을 방지하기 때문이지요. 적절한 거품의 양은 취향에 따라 다소 차이가 있지만 잔의 높이의 최소 20% 최대 40% 정도가 됩니다.
이러한 비율로 따르기 위해서는 처음에 따르기 시작할 때 컵을 기울이는 게 좋아요. 그러면 잔의 바로 위에서 따르는 것보다 공기에 노출되는 면적이 넓으므로 보기 좋은 모양의 고운 거품을 낼 수 있습니다. 단, 이미 잔에 남은 맥주가 있는데 그 위에 맥주를 더 따를 때에는 거품이 생기기 힘듭니다. 또한 맥주는 너무 차갑게 하기보다는 10℃ 정도로 즐기는 것이 좋다는 것도 기억해 두세요.

91 술의 특성에 맞는 최적의 온도는?

냉장 7~10℃ / 상온 15℃

0℃ 10℃ 20℃ 30℃

청주 / 긴죠(냉장, 상온)

청주 / 쥰마이(냉장, 상온)

청주 / 혼죠조(냉장, 상온, 미지근하게, 데워서

가벼운 맛의 레드 와인
14~16℃

무게감 있는 맛의 빈티지 레드 와인
16~18℃

매우 가벼운 맛의 레드 와인
10~14℃

맛이 진한 화이트 화인
10~14℃

산미가 강한 와인
5~10℃

디저트 와인
4℃

맥주 (여름)
6~8℃

맥주 (겨울)
10~12℃

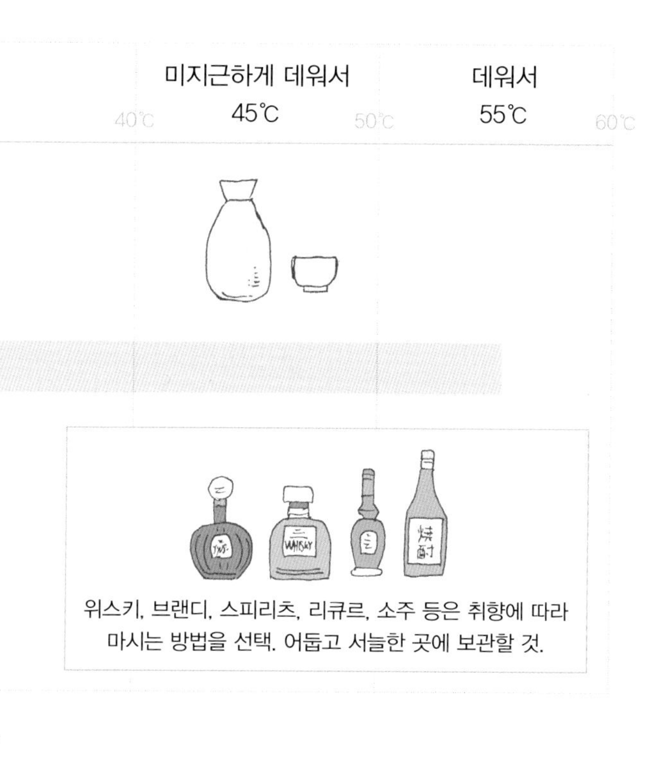

비결 해부

맥주는 10℃ 전후에서 거품이 생기기 쉽습니다. 온도가 필요 이상으로 낮으면 맛이 덜하기 때문에 마시기 3~4시간 전에 냉장고에 넣도록 하세요. 와인은 온도가 오르면 향기가 퍼지는 반면 온도가 내려가면 신맛과 쓴맛이 억제되는 효과가 있지요. 레드 와인은 15℃ 정도, 화이트 와인은 10℃ 정도의 온도로 즐기는 것이 적당합니다. 이것을 기준으로 와인의 연도 및 종류에 따른 맛의 농도와 산미에 따라 온도를 조절하면 되겠지요. 탄산이 든 술은 지나치게 온도를 낮추면 거품이 과하게 나올 수 있으니 주의하세요. 이외의 술은 기본적으로 어둡고 서늘한 곳에 보관하고 취향에 따라 마시는 법을 달리하면 됩니다.

식재료의 저장과 보관에 관한 비결

식재료를 대량으로 구입했을 때에도
상해서 버리지 않게 하기 위해서는
올바른 저장 및 보관법이 필요하지요.
재료의 맛과 영양을 해치지 않고
바르게 저장할 수 있는 비결을 소개합니다.

92 도시락의 내용물은 식힌 뒤에 용기에 넣는다

효과

① 쉽게 상하는 것을 막는다.

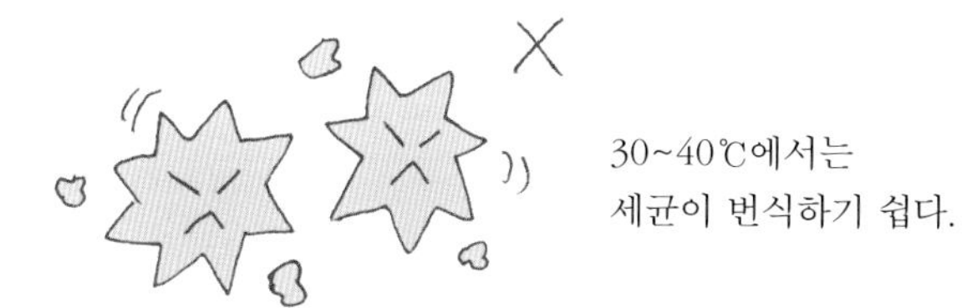

30~40℃에서는
세균이 번식하기 쉽다.

비결 해부

음식이 상하는 것은 수분과 온도, 영양분 때문입니다. 열기가 남아 있는 채로 도시락의 뚜껑을 닫아 밀폐 상태가 되면 세균이 번식하기 좋은 30~40℃의 상태를 오래 유지하게 됩니다.
게다가 열기로 인해 증발한 수분이 뚜껑에 붙었다가 다시 밥과 반찬에 떨어지기 때문에 맛과 보존성도 떨어집니다. 도시락 내부의 습도 역시 올라가므로 더더욱 세균이 번식하기 쉬워지고요.
또한, 각각의 반찬이 맞닿아 있어서 이를 통해 수분이 이동하는 것도 음식이 상하는 원인 중 하나가 됩니다. 따라서 반찬은 케이스 등을 이용해서 나누어 담아 서로 직접 닿지 않도록 하는 편이 좋겠지요.

93 밥을 냉동 보관할 때에는 가급적 작게 나눈다

식기 전에,
사각으로
되도록 작은 크기로
얇게 편다.

효과

① 냉동되는 시간을 단축하여 밥맛이 떨어지는 것을 막는다.

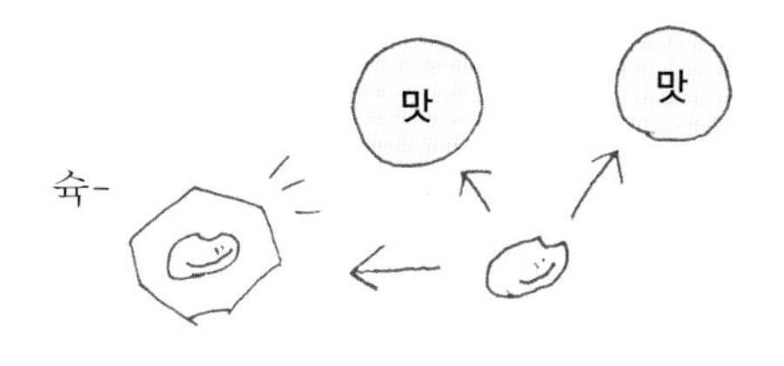

비결 해부

차가워진 밥이 맛없는 이유는 쌀에 포함된 전분이 노화되기 때문입니다. 전분의 노화는 온도가 낮을수록 진행이 빨라지며 3~5℃에서는 더욱 가속화됩니다. 이 현상은 냉동하지 않으면 멈출 수가 없지요.
전분의 노화를 멈추는 가장 좋은 방법은 영하 20℃ 이하에서 급랭하는 것이지만 가정의 냉장고로는 이러한 온도를 맞추기 어려워요. 따라서 노화 속도를 최대한 억제하는 것은 냉동실에서 빠르게 얼리는 것입니다. 이를 위해 작고 얇게 나누는 것이 좋겠지요.
또한, 갓 지은 밥을 바로 냉동하면 해동했을 때 갓 지은 밥의 형태와 식감을 살릴 수 있습니다.

94 야채를 잘 보관하는 방법

	토마토	우엉	생강
상온 및 냉장 보관	비닐봉지에 넣어서 냉장고에 보관한다. 꼭지를 아래쪽 방향으로 두면 좋다.	흙이 묻은 우엉은 신문지에 싸서 직사광선을 피해 상온에서 보관한다. 세척한 우엉은 비닐봉지에 넣어 냉장고에 보관한다.	껍질의 물기를 말리고 용도에 따라 얇게 써는 등의 손질을 한 뒤에 랩으로 싸서 냉장고에 보관한다.
냉동 보관	꼭지를 떼어 랩으로 감싸면 통째로도 냉동할 수 있다. 이것은 반해동하여 소스로 이용한다. 큼직하게 썰어 냉동시킨 경우에는 스프 건더기 등으로 활용한다.	얇고 어슷하게 썬 것을 식초 물에 담가서 떫은맛을 없앤 뒤에 데쳐서 냉동한다. 얼려둔 채로 요리에 활용할 수 있다.	슬라이스 형태로 얼려두거나, 통째로 얼렸다가 갈아서 사용한다.

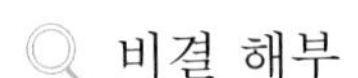

비결 해부

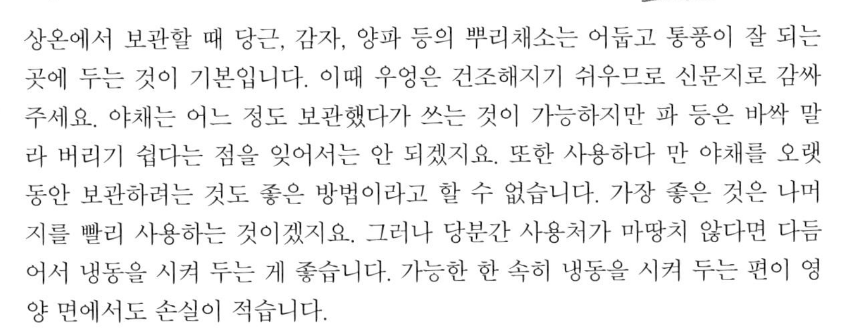

상온에서 보관할 때 당근, 감자, 양파 등의 뿌리채소는 어둡고 통풍이 잘 되는 곳에 두는 것이 기본입니다. 이때 우엉은 건조해지기 쉬우므로 신문지로 감싸 주세요. 야채는 어느 정도 보관했다가 쓰는 것이 가능하지만 파 등은 바싹 말라 버리기 쉽다는 점을 잊어서는 안 되겠지요. 또한 사용하다 만 야채를 오랫동안 보관하려는 것도 좋은 방법이라고 할 수 없습니다. 가장 좋은 것은 나머지를 빨리 사용하는 것이겠지요. 그러나 당분간 사용처가 마땅치 않다면 다듬어서 냉동을 시켜 두는 게 좋습니다. 가능한 한 속히 냉동을 시켜 두는 편이 영양 면에서도 손실이 적습니다.

	감자	무, 순무	양배추	푸성귀류
	어둡고 통풍이 잘 되는 곳에 보관한다. 쓰다 만 것은 랩을 씌워서 냉장고에 둔다.	줄기를 2~3cm 남기고 잘라 신문지에 싸서 냉장고에 세워서 보관한다. 사용하고 남은 것은 잘린 단면이 마르지 않도록 랩을 씌워 둔다.	랩이나 신문지로 싸서 냉장고에 보관. 심을 도려내고 그 자리에 살짝 적신 키친타월을 채우면 오래 두고 먹을 수 있다.	물에 적신 키친타월로 뿌리를 감싼 뒤 전체를 랩으로 싸거나 비닐에 넣는다. 이 채로 냉장고에 세워서 보관한다.
	생감자를 냉동하면 감자 속의 수분이 얼어 서걱서걱 거리므로 삶은 뒤 으깨어 냉동한다. 이것을 해동한 뒤 크로켓이나 감자 샐러드로 활용한다.	무를 간 것의 경우 물기를 뺀 뒤 1회분씩 나누어 랩에 싸서 얼려 둔 뒤 자연 해동하여 쓴다.	적당한 크기로 잘라서 물에 씻은 뒤에, 혹은 데친 뒤에 얼린다. 얼려 둔 채로 스프나 카레에 넣으면 된다.	소금물에 가볍게 데친 뒤 찬물에 헹군다. 물기를 짠 뒤 사용하기 편한 크기로 잘라서 냉동한다. 얼려 둔 채로 각종 국이나 볶음에 활용한다.

	배추	당근	양파
상온 및 냉장 보관	통째로 보관할 때에는 신문지로 감싸서 어둡고 통풍이 잘 되는 곳에, 슬라이스한 것은 랩을 씌워 냉장고에 보관한다.	어둡고 통풍이 잘 되는 곳에 보관한다. 쓰다 남은 것은 물기를 잘 닦고 잘린 단면이 마르지 않도록 랩을 씌워 보관한다.	어둡고 통풍이 잘 되는 곳에 보관한다. 껍질을 벗기고 망에 넣은 것은 냉장고에 보관한다. 남은 것은 잘린 단면이 마르지 않도록 랩을 씌운다.
냉동 보관	식감이 변하기는 하지만 슬라이스해서 데치면 냉동이 가능한 식재료. 얼려 둔 채로 각종 국이나 찌개, 조림 등에 넣는다.	살짝만 데쳐서 냉동한다. 조림에는 언 채로 넣고, 볶음에는 자연 해동시켜 물기를 닦아서 쓴다.	얇게 썰거나 다져서 냉동한다. 숨이 죽도록 볶은 양파는 랩에 싸서 얼리면 한 달 정도 보관할 수 있다.

95 육류를 잘 보관하는 방법

	얇게 슬라이스한 고기	두껍게 슬라이스한 고기	덩어리째의 고기
상온 및 냉장 보관	1~2일 안에 사용한다.	소고기는 3~4일, 돼지고기는 2~3일 이내에 사용하도록 한다. 닭고기는 상하기 쉬우므로 구입한 이튿날까지는 조리한다.	소고기는 3~4일, 돼지고기는 2~3일 이내에 사용하도록 한다. 닭고기는 상하기 쉬우므로 구입한 이튿날까지는 조리한다.
냉동 보관	1~2장씩 랩으로 싸서 얼린다. 소고기는 산화하기 쉬우므로 가능하면 오일을 발라 냉동한다. 밑간을 한 채로 얼려도 되며 2주 정도 보관 가능하다.	한 덩이씩 단단히 랩으로 싸서 냉동한다. 밑간을 하거나 튀김옷을 입힌 채로 얼리면 조리시간을 줄일 수 있다. 약 2주간 냉동할 수 있으며 해동은 냉장실에서 하도록 한다.	랩으로 단단히 싼 뒤에 냉동한다. 육수와 함께 얼리는 방법도 있다. 약 2주간 보관 가능하며 사용하기 전날 냉장실로 옮겨 해동한다.

비결 해부

고기는 쉽게 상하므로 구입 후 이튿날까지는 모두 사용하는 것이 좋습니다. 닭고기와 공기에 노출되기 쉬운 다짐육은 더욱 서두르는 것이 좋겠지요. 우선 구입한 즉시 스티로폼과 랩으로 된 포장을 벗겨낸 뒤에 물기를 닦아내고 랩으로 싸도록 하세요.

	다짐육	간	닭날개	햄 등 가공품
	공기가 닿는 표면적이 넓으므로 상하기 쉽다. 구입한 날 사용하거나 바로 냉동시킨다.	구입한 날 다 쓰지 못하는 경우는 바로 냉동한다.	구입한 날 전부 사용하거나 바로 냉동 보관한다.	바로 쓰지 않을 것은 냉동 보관하도록 한다.
	얇게 편 뒤에 젓가락 등으로 가볍게 선을 그어두면 사용할 때 쉽게 잘라낼 수 있어 편리하다. 약 2주간 보관 가능하며 해동은 냉장실에서 하도록 한다.	익혀서 물기를 닦아낸 뒤 냉동한다. 약 2주간 보관 가능하며 냉장실에서 해동하도록 한다.	그대로 얼리거나, 익혀서 육수와 함께 얼린다. 약 2주간 보관 가능하며 해동은 냉장실에서 한다. 조림 등에는 얼려둔 채로 사용할 수 있다.	베이컨은 한 장씩 혹은 잘라서 랩으로 싼다. 비엔나 소시지는 그대로 얼려도 되지만 용도에 맞게 자른 뒤 얼리면 편리하다. 약 2주간 보관 가능하다.

스티로폼 트레이 내에는 공기가 들어 있으므로 고기가 산화하는 데다, 그 채로는 냉장고의 온도가 전해지는 것도 더디기 때문이지요. 햄 등 가공품의 경우도 한 번 포장을 뜯으면 길게 쓸 수 없으므로 사용하지 않는 부분은 냉동하도록 합니다.

96 해산물을 잘 보관하는 방법

	한 마리 통째	토막 낸 생선	건어물
상온 및 냉장 보관	내장과 아가미를 제거하고 씻은 뒤에 물기를 잘 닦아낸다. 랩으로 싸서 냉장실에 보관한다.	대부분 토막 낸 생선은 한 번 냉동했던 것을 해동해서 파는 것이므로 다시 얼리는 것을 피하고 빨리 섭취하도록 한다.	지방이 산화하기 쉬우므로 구입한 날에 바로 소비하는 것이 가장 좋다. 하루 이틀 정도 내로 먹을 수 있다면 냉장 보관한다.
냉동 보관	손질한 것은 비닐봉지 등에 넣어 냉동한다. 익힌 것을 냉동할 때에는 살만 발라내 얼린다. 약 2주간 보관 가능하며 해동은 냉장실에서 하도록 한다.	물기를 잘 닦아낸 뒤 한 토막씩 랩에 싸서 비닐봉지에 넣어 냉동한다. 약 2주간 보관 가능하다. 냉장실에서 해동하거나 얼려 둔 상태 그대로 조리한다.	한 마리씩 랩으로 감싸서 비닐봉지에 넣어 얼린다. 약 2주간 보관 가능하며 얼려 둔 상태 그대로 굽는 것이 가능하다.

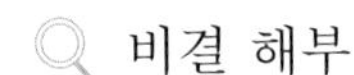

비결 해부

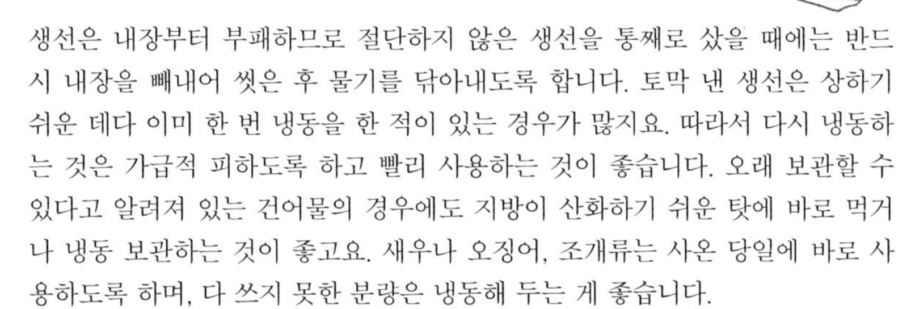

생선은 내장부터 부패하므로 절단하지 않은 생선을 통째로 샀을 때에는 반드시 내장을 빼내어 씻은 후 물기를 닦아내도록 합니다. 토막 낸 생선은 상하기 쉬운 데다 이미 한 번 냉동을 한 적이 있는 경우가 많지요. 따라서 다시 냉동하는 것은 가급적 피하도록 하고 빨리 사용하는 것이 좋습니다. 오래 보관할 수 있다고 알려져 있는 건어물의 경우에도 지방이 산화하기 쉬운 탓에 바로 먹거나 냉동 보관하는 것이 좋고요. 새우나 오징어, 조개류는 사온 당일에 바로 사용하도록 하며, 다 쓰지 못한 분량은 냉동해 두는 게 좋습니다.

	바지락, 재첩	생물 오징어	생물 문어	명란
	해감한 것을 밀폐 용기에 넣으면 냉장실에서 2~3일 정도 두고 쓸 수 있다.	구입한 날 바로 사용하지 않는 경우에는 냉동하도록 한다.	구입한 날 바로 사용하지 않는 경우에는 냉동하도록 한다.	구입하면 곧장 냉장실에 넣고 되도록 빨리 섭취하도록 한다.
	해감한 뒤 물기를 잘 닦고 비닐봉지 등에 넣어 냉동한다. 약 2주간 보관 가능하며 사용할 때는 얼려둔 상태 바로 조리하도록 한다.	사용하기 편한 크기로 자른 것에 소량의 술을 뿌려서 냉동한다. 약 2주간 보관 가능하며 해동은 냉장실에서 하도록 한다.	사용하기 편한 크기로 자른 것에 소량의 술을 뿌려서 냉동한다. 약 2주간 보관 가능하며 해동은 냉장실에서 하도록 한다.	한 알씩 랩으로 싸서 냉동한다. 약 1개월 정도 보관 가능하며 해동은 냉장실에서 한다.

	어묵 등의 가공 용품	(멸치 등의) 치어	생새우
상온 및 냉장 보관	냉장실에서 보관한다. 개봉한 것은 이튿날까지는 섭취하도록 한다.	2~3일 정도 두면 비린내가 심해지므로 가능한 한 빨리 섭취하거나 바로 냉동한다.	구입한 날 바로 사용하지 않는 경우에는 냉동하도록 한다.
냉동 보관	쓰기 편한 크기로 잘라서 냉동한다. 약 1개월간 보관이 가능하며 얼려 둔 상태 그대로 조리하면 된다. 해동해서 쓰고 싶을 때는 자연 해동하도록 한다.	뜨거운 물을 끼얹어서 소금기를 털어낸 뒤 수분을 닦은 것을 밀폐용기에 넣어 냉동한다. 약 1개월간 보관이 가능하다. 자연 해동하거나 얼려둔 채로 조리한다.	등 쪽의 검은 실 같은 내장을 제거한 뒤 물기를 닦아서 랩에 싼 것을 비닐봉지에 넣어서 냉동시킨다. 약 2주관 보관 가능하며 해동은 냉장실에서 한다.

식재료 선택에 관한 비결

맛있는 요리는 맛있는 식재료에서 출발합니다.
좋은 식재료를 어디에서 어떻게 찾으면 되는지
식재료 선택에 관한 비결을 소개합니다.

97 계절에 따른 식재료 선택법

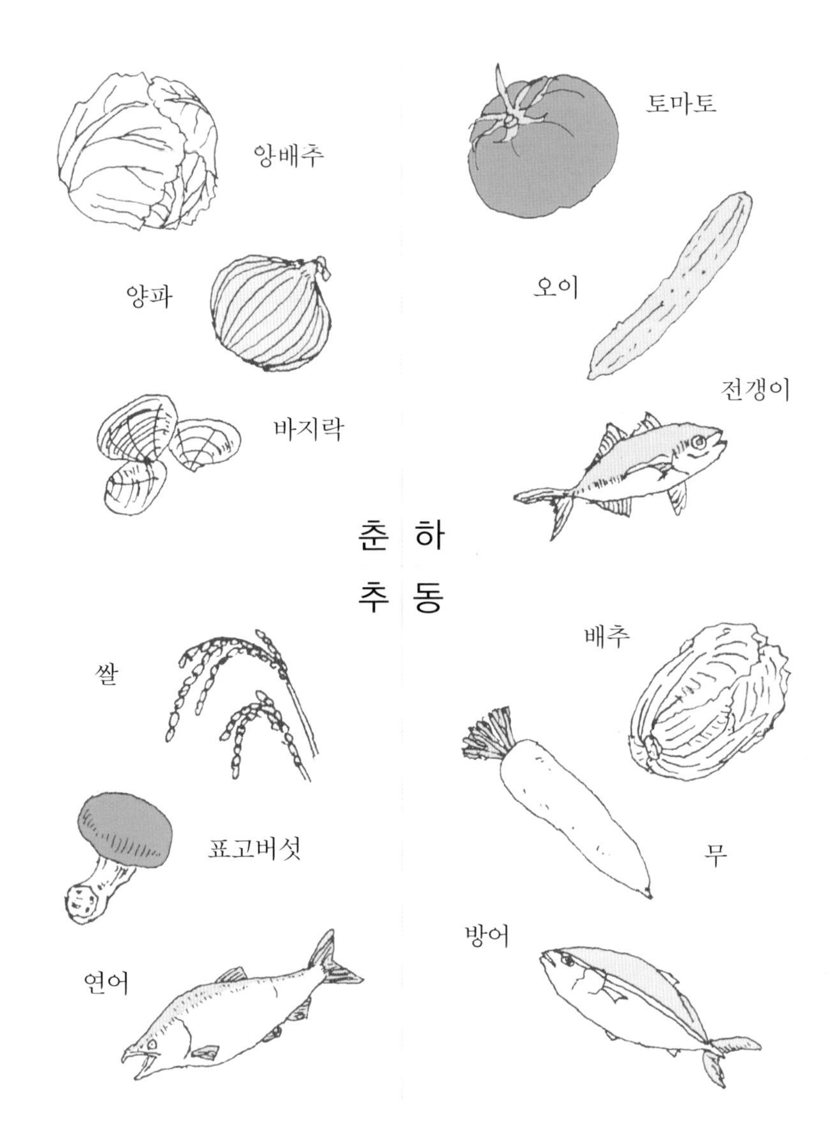

효과

① 값이 싸다.
② 영양이 풍부하다.

겨울에 먹는 시금치의 비타민 C는……

여름의 약 3배

비결 해부

제철을 맞은 식재료는 영양가가 높고 가격이 저렴한 것 외에도 '제철'이라고 불릴 만한 이유를 가지고 있습니다. 예를 들어 죽순이나 아스파라거스 등 봄이 제철인 식재료에는 안티에이징의 효과를 발휘하는 성분이 포함되어 있거든요. 여름이 제철인 오이와 토마토는 청량감이 있어서 더위 먹는 것을 막아 주는 효과가 있고요. 가을에는 여름 동안 쌓인 피로감을 치유해 주고 속에도 편한 사과와 고구마 등을 섭취할 수 있습니다. 또한 겨울은 몸을 따듯하게 해 주는 요리에 적합한 파나 무, 배추 같은 식재료가 제철을 맞이합니다.

98 맛있는 야채 고르는 방법

우엉

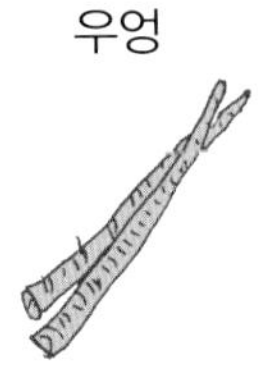

줄기가 단단하고 잘린 단면에 자잘한 구멍이 나 있지 않은 것이 좋다. 너무 굵지 않은 것을 고르도록 한다.

생강

알이 단단하고 두툼한 것, 상처가 없는 것을 고른다.

양파

껍질이 건조하고 상처가 없는 것을 고른다. 싹이 나오고 있거나 만졌을 때 단단함 없이 푹신한 느낌이 드는 것은 피한다.

토마토

꼭지가 녹색으로 싱싱한 것이 좋다. 전반적인 색상이 붉고, 모양이 둥그런 것을 고른다.

비결 해부

푸성귀류나 양배추, 토마토 등은 우선 색이 선명한 것이 좋습니다. 그리고 배추나 양배추를 고를 때는 무게감이 있는 것을, 푸성귀류는 잎사귀가 끝 부분까지 팽팽하게 뻗어 있는 것이 있는 것이 좋지요. 토마토나 무, 감자 같은 것은 겉이 팽팽해 보이고 표면은 매끄러우면서 흠집이 없는 것을 고르도록 합니다. 변색된 것이나 잘린 단면이 거무스름해진 것, 싹이 나고 있는 것, 잘린 단면에서 새 잎이 나오고 있는 것 등은 오래된 것이므로 이러한 점도 확인하는 편이 좋습니다.

양배추

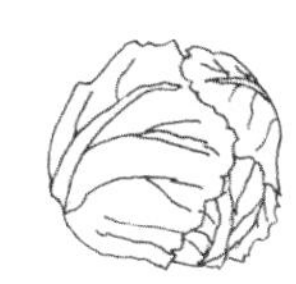

가장 바깥쪽의 잎이 짙은 녹색인 것이 좋다. 싱싱하면서 무게감이 느껴지는 것을 고르도록 하며 잘린 단면이 거무스름하게 되어 있는 것은 피한다.

푸성귀류

잎사귀의 색이 진하고 잎사귀의 끝까지 팽팽하게 뻗어 있는 것을 고른다. 줄기가 필요 이상으로 긴 것은 성장이 과하게 이루어졌다는 증거다.

감자

표면이 부드럽고 팽팽하면서 상처가 없는 것이 좋다. 싹이 나오고 있는 것은 피하도록 한다.

무, 순무

무게감이 있고 잎사귀가 선명한 녹색을 띠고 표면은 하얗고 매끄러우면서 팽팽한 것을 고른다. 잎사귀가 노랗거나 새로운 잎사귀가 나오고 있는 것은 오래된 것이니 주의한다.

배추

무게감이 있고, 잎사귀의 끝이 안을 감싸고 있는 형태의 것이 좋다. 쪼개어 둔 것은 잎사귀가 촘촘히 나 있어서 밀도가 높은 것을 고른다.

당근

전반적으로 붉은 빛이 강하고 표면이 매끄러운 것이 좋다. 줄기가 나 있는 부분의 직경이 작은 것을 고른다. 직경이 큰 것은 성장이 나쁘고 단맛이 적다.

99 맛있는 육류 고르는 방법

스테이크용 소고기

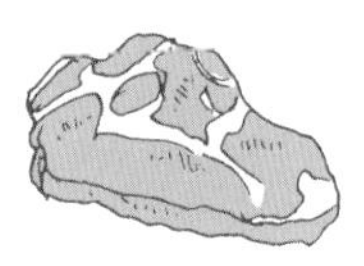

선명한 붉은색으로 유백색의 지방이 적당히 들어간 마블링이 있는 것, 육즙이 나와 있지 않는 것을 고른다.

국거리 등 조각 낸 소고기

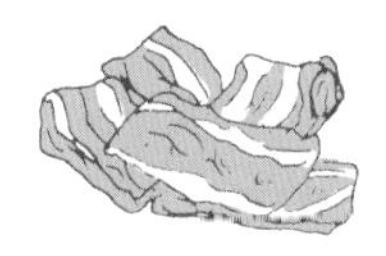

선명한 붉은색을 띠며 지방이나 힘줄이 깨끗하게 처리된 것이 좋다. 육즙이 빠져나오지 않은 것을 고른다. 거무스름한 부분이 섞인 것은 피한다.

돼지고기 등심

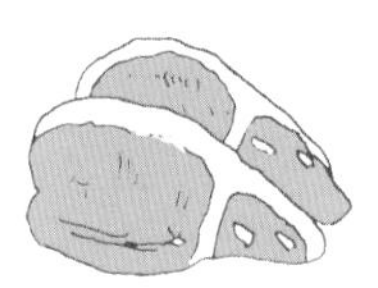

표면이 매끄럽고 밝은 핑크빛을 띠는 것, 비계 부분이 흰색을 띠고 육즙이 나와 있지 않은 것을 고른다.

삼겹살

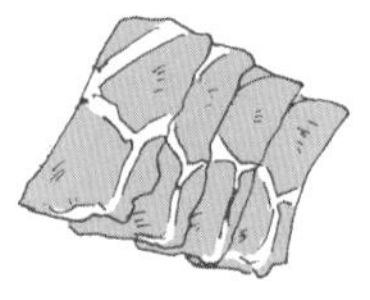

살코기와 지방이 보기 좋게 층을 이룬 것이 좋다. 비계 부분은 흰색을 띠고 육즙이 나와 있지 않은 것을 고른다.

비결 해부

소고기는 선명한 붉은색을 띠고 지방은 유백색인 것이 좋습니다. 돼지고기는 표면이 매끄럽고 밝은 핑크빛을 띠며 지방은 하얀색인 것을 선택하세요. 닭고기는 표면에 탄력이 있고 투명감이 있는 것을 고르시고요. 껍질이 붙어 있는 경우에는 껍질이 너무 하얗지 않고 겉면의 자잘한 돌기가 분명한 편이 좋습니다. 소, 돼지, 닭고기 어떤 고기에서나 구입할 때는 육즙이 나와 있지 않은 것을 선택해 주세요. 또한 간은 빛깔이 선명하고 신선함과 탄력이 있는 것이 좋습니다.

간

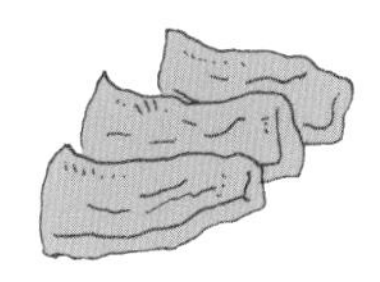

선명한 붉은색을 띠고 신선함과 탄력을 갖춘 것을 고른다.

닭날개

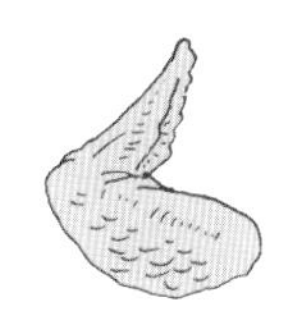

선명한 핑크빛을 띠고 표면의 자잘한 돌기가 분명한 것이 좋다.

닭가슴살

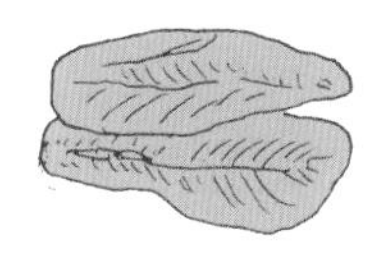

표면에 윤기와 탄력이 있으며 투명감이 있는 것을 고른다. 또한 육즙이 나와 있지 않은 것, 두께감이 있으며 살이 단단한 것이 좋다.

닭다릿살

윤기와 탄력이 있으며 투명감이 있는 것이 좋다. 껍질이 붙어 있는 경우에는 너무 하얀빛보다 다소 노란빛이 도는 것을 고른다. 육즙이 나와 있지 않은 것이 좋다.

100 맛있는 해산물 고르는 방법

한 마리 통째

생선을 한 마리 통째로 구입하는 경우는 눈이 맑고 몸통에는 윤기가 돌면서 탄력성이 있는 것을 고른다.

토막 낸 생선

흰살 생선은 투명하고 팩 안에 피나 물기가 고이지 않은 것, 붉은살 생선은 색상이 짙은 것, 큼직하게 조각 낸 것은 근육이 평행으로 되어 있는 것, 등 푸른 생선은 탄력감이 있는 것을 고른다.

건어물

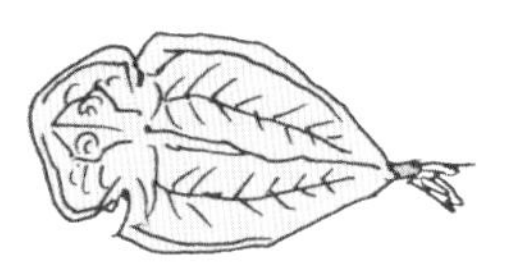

탄력과 투명감이 있는 것, 뼈가 돌출되어 있지 않은 것을 고른다.

바지락, 재첩류

바지락은 껍질의 무늬가 선명한 것, 입을 벌리고 있지 않은 것. 살을 발라낸 것은 탄력과 윤기가 있는 것이 좋다. 재첩은 껍질의 색이 진하고 큼직한 것을 선택한다.

비결 해부

생선이 손질되지 않은 한 마리 통째로 있을 때는 눈이 맑고, 살이 통통하면서 탄력이 있는 것이 좋습니다. 비늘이 제거된 것은 신선함이 덜하므로 모양과 형태가 보기 좋은 것을 고르면 되고요. 토막을 낸 생선은 색상이 또렷한지, 육즙이 나와 있지는 않은지 체크하면 좋아요. 바지락, 재첩 등의 조개류는 껍질이 중요합니다. 껍질의 빛깔이 짙고 무늬가 분명한 것을 선택하도록 하세요. 오징어, 문어, 낙지류는 빨판을 만져 보고 흡착하는 정도를 확인해 보는 것도 좋습니다.

생물 문어

껍질이 갈색이며 탄력감이 있는 것. 만질 수 있는 경우에는 빨판이 빨아들이는 힘이 좋은 것. 삶은 것은 탄력감이 있는 것이 좋다.

생물 오징어

투명감과 탄력이 있는 것. 껍질은 적갈색으로 무늬가 또렷한 것. 빨판이 빨아들이는 힘이 좋은 것을 선택한다.

생 새우

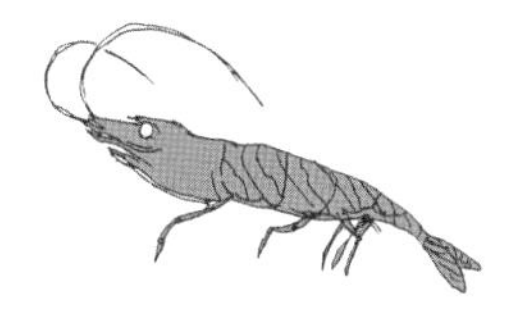

투명감이 있고 머리와 꼬리가 단단히 붙어 있는 것을 고른다.

명란

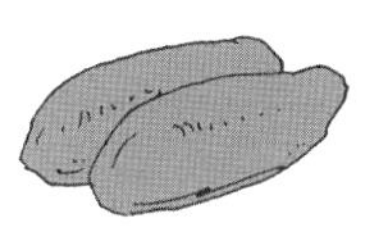

투명감이 있고, 막이 얇으면서 부스러진 곳이 없는 것이 좋다.

생굴

살이 투명하고 통통한 것. 가장자리의 검은 부분이 선명한 것을 고른다.

멸치 등의 치어

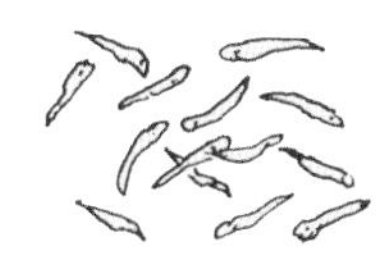

하얗고 투명한 것을 선택한다. 크기가 작은 것일수록 좋다.

색인

참고 문헌

《조리 과학 강좌2 조리의 기초와 과학》
시마다 아츠코·나카자와 후미코·하타에 케이코, 아사쿠라서점
《조리 과학 강좌3 식물성 식품 I》
시마다 아츠코·시모무라 미치코, 아사쿠라서점
《조리 과학 강좌4 식물성 식품 II》
시모무라 미치코·하시모토 케이코, 아사쿠라서점
《조리 과학 강좌5 동물성 식품》
시모무라 미치코·하시모토 케이코, 아사쿠라서점
《조리 과학 강좌6 식품 성분 소재·조미료》
하시모토 케이코·시마다 아츠코, 아사쿠라서점
《신판 〈요리 비결〉의 과학 조리에 관한 질문에 답한다》
스기타 코이치, 시바타서점
《과학으로 이해하는 요리의 포인트》
사마키 타케오·이나야마 마스미, 학습연구사
《신판 맛의 과학 맛있게 하는 과학 맛의 구조를 풀어내면 요리의 비결이 이해된다》 코노 토모미, 아사히야출판
《요리의 무엇이든 소사전 카레는 왜 다음날 먹는 게 맛있을까?》
일본조리과학회, 고단샤
《몸에 맛있는 야채의 편리함 노트》
이타기 토시타카, 타카하시서점
《개정신판 조리학 — 건강·영양·조리》
야스하라 야스요·야나기사와 유키에, 아이·케이 코퍼레이션
《몸과 건강의 질문에 답하는 〈요리 비결〉의 과학》
사토 히데미, 시바타서점

《처음이라도 특별히 맛있는 요리의 기본 연습장》
오다 마키코, 타카하시서점
《요리와 영양의 과학》
시부카와 쇼코·마키노 나오코, 신성출판사
《속 요리의 과학① 소박한 의문에 다시 한 번 대답합니다》
Robert L. Wolke, 락코우샤
《속 요리의 과학② 소박한 의문에 다시 한 번 대답합니다》
Robert L. Wolke, 락코우샤
《처음의 커피》
호리우치 타카시·쇼노 유우지, mille books

참고 URL

주식회사 닛신 그룹 본사
http://www.nisshin.com

사단법인 일본 파스타 협회
https://www.pasta.or.jp

에바라 식품 주식회사
http://www.ebarafoods.com

일본 햄 주식회사
http://www.nipponham.co.jp

등등

레시피보다 중요한 100가지 요리 비결

초판 1쇄 발행일 2016년 5월 2일
초판 10쇄 발행일 2023년 10월 17일

감수 도요미츠 미오코 | 일러스트 쿠아야마 케이토 | 번역 김혜선
펴낸이 김경미 | 편집 김유민 | 디자인 강준선
펴낸곳 숨쉬는책공장

등록번호 제2018-000085호
주소 서울시 은평구 갈현로25길 5-10 A동 201호(03324))
전화 070-8833-3170 팩스 02-3144-3109
전자우편 sumbook2014@gmail.com

값 16,000원 | ISBN 979-11-86452-12-7

잘못된 책은 구입한 서점에서 바꿔 드립니다.

이 책의 일부는 아모레퍼시픽의 아리따글꼴을 사용하여 디자인했습니다.

이 도서의 국립중앙도서관 출판시도서목록(CIP)은
서지정보유통지원시스템 홈페이지(http://seoji.nl.go.kr)와
국가자료공동목록시스템(http://www.nl.go.kr/kolisnet)에서
이용하실 수 있습니다.(CIP제어번호: CIP2016009228)